NEUROBIOLOGIA DEL INTELECTO

LIBRO SEGUNDO

"LA COMPLEJA MAQUINARIA TRABAJANDO"

YURI Q. ZAMBRANO, M.D.

2014

TELARAÑA EDITORES

NEUROBIOLOGÍA DEL INTELECTO

LIBRO SEGUNDO: "El Maravilloso Sistema Nervioso Central: La Compleja Maquinaria Funcionando" Ensayos Neuroepistemológicos.

Primera Edición.

Copyright © 2014, By Yuri G. Zambrano. Respecto a la primera edición en español, para todos los libros del autor asociados a NEUROBIOLOGIA DEL INTELECTO, Telaraña Editores. Colección ADNeural. (**E-mail:** neuronalself@gmail.com).

TELARAÑA EDITORES

International Standard Book Name:
ISBN 978-1-291-69591-5

Prohibida la reproducción total o parcial de esta obra, Por cualquier medio sin la autorización escrita del editor.

IMAGEN EN PORTADA: Superposiciones de tractografías de Human Connectome Project (HCP). GWU-Minn-LONI.

Diseño e Impresión: Telaraña Editores

Impreso en México.

Arial 12 pts. mayor parte del texto y Bibliografías en Times New Roman, 10 pts. Títulos y estilo acordes a convenciones generales. Gráficas debidamente reseñadas y bibliografiadas, según derechos internacionales de autor.

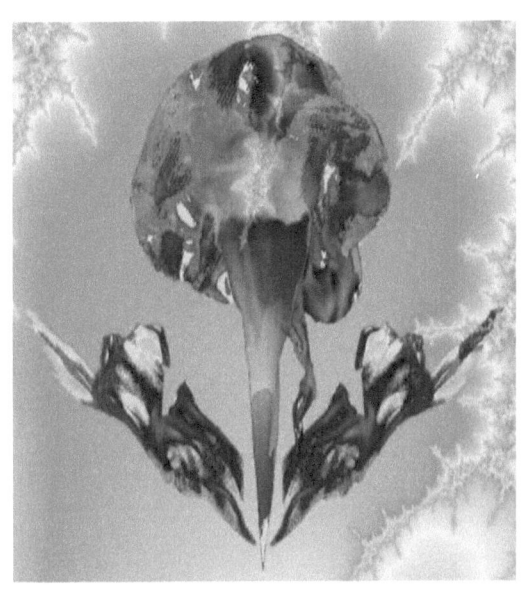

¿Cuándo comienza el aprendizaje?

Hay una brecha considerable entre conocer el nombre de las cosas, **re**-conocer el nombre de esas cosas, y entender finalmente tales cosas.

Cuando creemos comprenderlas, apenas nace el concepto.

A todo eso, hay que darle vueltas constantemente!

Tenochtitlan,
Enero 22, 1989.

Le Faux Miroir, 19 x 27 cm. Óleo sobre tela.
Museo de Arte Moderno de Nueva York
René Magritte, 1928

Contenido

LIBRO SEGUNDO

I Proemio a la edición global ………. III
II. *Summa neurobiológica* ……………... V
III. Prefacio al libro segundo ……………. XI
IV. Creencia Neurobiológica ……… XVII
V. Mención Referencial ……………… XIX
VI. Acrónimos ………………….. XXI

EL MARAVILLOSO SISTEMA NERVIOSO: LA COMPLEJA MAQUINARIA FUNCIONANDO

MÓDULO 5

5.1 Principios Básicos Neuroanatómicos….. 3
5.2 El Diencéfalo ………………… 10
    5.2.1   El Tálamo ………………….. 11
    5.2.2   El Hipotálamo ………. 13
    5.2.3   Sistema Límbico ……………. 20
5.3 Los Hemisferios Cerebrales
    y la sustancia blanca ……………… 25
5.4 La Enigmática Microcircuitería
    de los Ganglios Basales ………… 29
5.5 El Mesencéfalo …………………. 39

5.6 El Cerebro Posterior 43
    5.6.1   El Ajustador del Movimiento
    Voluntario 43
    5.6.2 La Protuberancia 51
    5.6.3 Bulbo Raquídeo 57
5.7 La Médula Espinal 64

MÓDULO 6

NEUROGENESIS 70

6.1. Bases Moleculares de la Inducción ... 76
6.2 Migración 77
6.3 Consolidación Neuroembriogénica 79

Excerpta Sucinta 89
LAMINAS ANEXAS 91
Bibliografía 109

PROEMIO PARA LA EDICION TOTAL

Después de mucho considerarlo y ponderar si "Neurobiología del Intelecto", — un tratado sobre el devenir de la neurobiología y sus aplicaciones a las funciones cognitivo-intelectuales y concienciales—, debería ser fraccionado; se decidió realizar la edición de esta apoteósica obra - con más de 1500 hojas (en A4) -, integrando publicaciones más breves. Es decir, volúmenes con exégesis a manera de *epítomes* o compendios como si fueran excerptas que pudiesen ser digeribles y más abiertas al lector interesado en dilucidar los enigmas que la neurobiología nos ofrece, para entender, el cómo se estructura el curso del pensamiento intelectual.

Originalmente la obra, fue finalizada hace 10 años, en más de 64 módulos con apéndices algorítmicos que sustentan la teoría de la epistemología neuronal (TEN). Estos módulos, obedecen a la nueva perspectiva de procesamiento neuronal, basada en modelos distribuidos, donde la información es procesada jerárquicamente en columnas neuronales; siguiendo además, los cánones de reverberación sináptica Hebbiana, útiles para consolidar los procesos de memoria y aprendizaje.

La obra está dispuesta en cinco partes, dividida didácticamente en módulos, iniciando desde conocimientos muy superficiales hasta la explicación de complejos mecanismos de procesamiento neuronal que se dan en las funciones de alto orden conciencial.

Así pues, la primera parte relaciona a la infraestructura del pensamiento, describiendo la función integral molecular de la neurona hasta los mecanismos que se utilizan para generar información coherente y sincronizada produciendo actividad intelectual. La segunda y tercera partes, tratan sobre fisiología y dinámica neuronal integrativa, desde la función biofísica de canales iónicos y la liberación de neurotransmisores, hasta la explicación de la integración de redes neuronales por mecanismos de retropropagación y algorítmicos. Las dos partes finales, contienen módulos de función cerebral superior como mecanismos de memoria e integración conciencial, describiendo la actividad neuronal que subyace en los estados amplificados de la conciencia, y también en los estados básicos de conciencia.

En esta colección de volúmenes, el autor, en titánica recopilación, busca la actualización de sus bibliografías con casi 30 años de estudio en el tema, y además orientándolo por primera vez en español, hacia la Neuroepistemología; recurriendo al método científico, a la investigación en conciencia y a las redes neuronales que la generan; completamente analizadas desde el punto de vista de la TEN.

Este trabajo se presenta como una alternativa inicial, útil para diversificar el pensamiento y abrir opciones de búsqueda a nuevos investigadores que objetivamente, conforman la substancia de la esperanza humana.

A continuación la *summa neurobiológica* original, de la que se desglosarán las exégesis pertenecientes a "Neurobiología del Intelecto".

YURI ZAMBRANO

NEUROBIOLOGIA DEL INTELECTO

"SUMMA NEUROBIOLÓGICA"

- PARTE I -
INFRAESTRUCTURA DEL PENSAMIENTO

1. QUÉ ES LA NEUROBIOLOGÍA.

Módulo

1. De los Diversos Aspectos de la Neurobiología
2. De sus Herramientas Experimentales
3. Perspectiva Pragmático-Evolutiva de la Neurobiología Conductual
4. La Neuroimagen: una estación de Relevo Futurista

2. El Fascinante Sistema Nervioso:
LA COMPLEJA MAQUINARIA FUNCIONANDO

Módulo

5. Principios Básicos Neuroanatómicos
6. Neurogénesis

LAMINAS ANEXAS

3. LA ULTRANEURONA,
O EL PARADIGMA DE LA ESPECIFICIDAD

Módulo

7. Cómo Funciona
8. El Tráfico Endosómico de Proteínas
9. La Personalidad De Las Neuronas
10. El Sorprendente Escenario Cerebelar
11. Sinaptogénesis y Guía del Axón.

4. "EN BUSCA DEL PENSAMIENTO PERDIDO..."
Algunas Disquisiciones sobre La Frenología
y La Topografía Cortical

Módulo

12. Aproximaciones al Estudio de la Fisiología Cortical
13. El Mapeo Cortical como Herramienta en la Comprensión De La Función Cerebral.
14. Estratificación Cortical y Corticogénesis
15. La Artesanía Cortical y la Emergencia de las Funciones Cerebrales Superiores.
16. Asimetría Hemisférica
17. Cómo se genera la imagen mental

- PARTE II -
LA DINAMICA NEURAL

A. IMPLICACIONES PARA UN MECANISMO OPERACIONAL

5. ONTOGENIA DE LOS SENTIDOS Y SUS VÍAS DE PROCESAMIENTO

Módulo

18. La Génesis Para Cada Uno, Tiene Sentido.
19. Las Vías De Procesamiento Sensorial
20. Cómo Actúan

6. APOPTOSIS Y MUERTE NEURONAL.
(Vida, Obra y Realidades De Un Sistema Neural)

Módulo

21. La Regeneración Neuronal y Las Perversiones Neurotróficas
22. La Totipotencialidad Celular y el Recambio Neuronal
23. El Sacrificio Neuronal Programado
24. La Diversidad Terapéutica de la Regeneración Neuronal

B. DE LA CONFLUENCIA DE LOS ELEMENTOS

7. DE LOS IONES A LA MEMBRANA.

Módulo

25. El Movimiento de Iones y La Generación Del Potencial De Acción
26. De Los Fundamentos Integrativos Para la Comunicación Neuronal.
27. Proteínas De Predominio Transmembranal Implicadas en la Comunicación Neuronal.
28. La Crítica Señalización Intracelular

8. ATENCIÓN: SINAPSIS TRABAJANDO

Módulo

29. Componentes Electroquímicos De La Sinapsis
30. Liberación De Neurotransmisores
31. Modulación Presináptica e Integración Neuronal

- PARTE III -
REDES NEURONALES

9. EL PROCESAMIENTO DE LA INFORMACIÓN INTELECTUAL

Módulo

32. El Centro de Múltiples Correspondencias
33. Redes Neuronales que son Imprescindibles
34. Importancia de los Neurotransmisores en la Modulación de las redes neuronales

10. QUÉ ES UN MODELO NEURONAL.

Módulo

35. De La Neurobiología Experimental Clásica a la Yoctocomputación
36. El modelo Neural del Proceso Matemático

11. HACIA UNA NUEVA CONCEPCIÓN DEL PROCESAMIENTO NEURONAL

Módulo

37. Conceptos Clásicos
38. Modelos Alternos De Procesamiento en las Funciones Cerebrales Superiores
39. Conexionismo
40. El Modelo Conexionista para acceder a la Fenomenología de la Conciencia

APENDICE ALGORITMICO DE LA TEN
(Incluye Sub-Apéndice Cuántico)

- PARTE IV -
LAS APLICACIONES DE ALTO ORDEN

12. BASES MOLECULARES PARA GOZAR DE UNA MEMORIA SORPRENDENTE

Módulo

41. Bases Neurofisiológicas y Moleculares de la Memoria
42. El Papel De Los Promotores Genéticos

13. LOS SISTEMAS DE MEMORIA Y LAS CORTEZAS DE ASOCIACIÓN

43. Sistemas De Memoria y sus Mecanismos de Almacenamiento y Recuperación
44. Su Relación con el Lóbulo Temporal
45. La Corteza Prefrontal

14. DEL OLVIDO AL NO ME ACUERDO
(Memoria Emocional y Afectiva)

Módulo

46. La Integración de la Respuesta Emocional
47. La Memoria Y Las Hormonas
48. Las Emociones: ¿Se Archivan? O Se Descartan...

15. HABLANDO SE ENTIENDE LA GENTE

Módulo

49. La Conformación Evolutiva del Lenguaje
    y la Disociación Neural
50. Cómo se Genera la Adquisición del Lenguaje
51. La Arquitectura Neural del Lenguaje Articulado

- PARTE V -
NIVELES DE CONCIENCIA Y COGNICIÓN

16. CONCEPCIÓN NEUROBIOLÓGICA DE LA CONCIENCIA

Módulo

52. Quién es ese «Sí Mismo» que Tanto Mientan.
53. Las Bases Neurobiológicas que Permiten
    Concebir el Problema
54. El Enfoque Neurofísico Conciencial
    y el Mapa Neurobiológico de la Mente

17. LOS NIVELES DE PERCEPCIÓN EN LA CLÍNICA DE LA CONCIENCIA

Módulo

55. Sueño y Coma, La Clínica Imperativa
    Tras La Conciencia
56. Anomalías en la Percepción, que Indican Graduación Conciencial
57. Bases Neurales para la Cognición Ultrasensorial
58. Epilepsia: La Importancia del Aura como Nivel de Conciencia

18. LOS NIVELES DE LA PERCEPCIÓN EXTRASENSORIAL

Módulo

59. Estados Alterados y Ampliaciones de la Conciencia
60. La Fenomenología Ultrasensorial de la Materia:
    En Demanda De Los Correlatos Neurales

19. LA SUBLIMACIÓN DEL INTELECTO Y LA NEUROEPISTEMOLOGÍA.

Módulo

    61. Tras La Utopía Del Engrama Conciencial
    62. Consideraciones Filosóficas
    63. El *Episteme* Proteico
    64. La Clave De Acceso ...

APÉNDICE X
SEX~cUALIDAD Y CEREBRO

Módulo

    X.1. Genes y Cortejo: Conducta Sexual
    X.2. Los Neurotransmisores y La Actividad Sexual
    X.3. El Hipotálamo y El Sexo
    X.4. La Evolución del Intelecto, ¿Se Debe a una Eficiente Selectividad Sexual?

BIBLIOGRAFÍA
Glosario
Índice Analítico

XI

LA COMPLEJA MAQUINARIA FUNCIONANDO

Narrateur: *(Avec la Voix de André Dussollier).*
Au Même station,
avant la place de Villette,
Felix Lerbier découvre qu'il nombre
de connexions dans leur cerveau,
est supérieur au nombre d'atomes dans
l'univers...

Amelie, 2001
Guión: Jean Pierre Jeunet.
Guillaume Laurant.

NBI: De Pie: Hubel, Adrian, Hodgkin, Wiesel, Lashley y Von Helmholtz. Abajo: Sperry, Sherrington, Cajal, Eccles y Hebb. (D.T. Marcus Raichle).

El cerebro se presenta ante la ciencia como un objetivo de estudio con bastantes interrogantes por resolver. Para aproximarse a tales enigmas, miles de científicos se han preocupado constantemente a través de la historia por comprender sus respuestas celulares, moleculares o cognitivas, valiéndose de herramientas físico-químicas, computacionales y hasta filosóficas; en el intento de asimilar integralmente los billones de datos generados a partir de subsistemas y microestructuras relacionados con los aspectos neurales.

El trabajo y el éxito interdisciplinario son instituidos bajo el precepto del funcionamiento en equipo. El conocimiento y autodedicación de cada uno de los componentes y la pasión por su oficio, identifica una concepción de grupo y el establecimiento de nexos entre sí. Una neurona, integralmente funcional, no concretaría las tareas del intelecto sino tuviera el acople de las demás. El cerebro por su parte, integra todas las funciones de manera sincronizada y coherente, produciendo eventos conscientes en una misma frecuencia oscilatoria neuronal.

A causa de las estrictas reglas del fútbol, faltaron en la imagen, devotos investigadores que son ineludiblemente, parte obligada de una prodigiosa selección. Todos ellos son nombrados capitular y bibliográficamente en cada libro de esta *summa neurobiológica*.

Como alegoría de *la maquinaria funcionando*, El equipo **NBI**, 'Neurobiología del Intelecto', tiene en el arco a: Hermann Von Helmholtz, visionario de la óptica física aplicada neurobiológicamente. Defensas: David Hubel, Edgar Adrian, Allan Hodgkin, Thorsten Wiesel. Medios: Karl Lashley y Donald Hebb. Delanteros: John Eccles, el capitán Cajal, Charles Sherrington y Roger Sperry (Director Técnico: Marcus Raichle).

INTRODUCCION A LA OBRA EN PARTICULAR

LIBRO SEGUNDO

LA COMPLEJA MAQUINARIA FUNCIONANDO

El propósito de este libro en especial, es describir la importancia dinámica de cada uno de los eventos neuroanatómicos y fisiológicos que concreta el sistema nervioso. De forma accesible, se ilustrarán didácticamente sus laboriosas microestructuras, la complejidad de sus fascinantes conexiones, en principio para no dejar de asombrarnos, cada vez que revisamos algún detalle, referente a la compleja maquinaria de funcionamiento que involucra la dinámica del sistema nervioso.

Se iniciará con un ejercicio experimental en el que se intenta facilitar, mediante técnicas de memoria asociativa visual, la posibilidad de hacer más amena la capacidad individual del lector para familiarizarse con los procedimientos del funcionamiento cerebral. Esto es: los lóbulos en que se divide la corteza, ya sea con objeto de generar actividad motora, integrar comportamientos cognitivos, almacenar emociones, efectuar actividades intelectuales, o simplemente, procesar la información que sentimos y percibimos del exterior, así como su correspondencia con el aprendizaje, y en general, con todo aquello que involucra el procesamiento de los datos aprendidos.

Pretendiendo una perspectiva integral de la comunicación nerviosa, este texto es un antecedente al libro Tercero, donde se describe cómo la prodigiosa maquinaria empieza a funcionar a partir de comandos neuronales —con cierta carga genética—, para estructurar armónica y coherentemente, sofisticadas actividades concienciales.

Así se comprenderá que, cada uno de los microcomponentes celulares del sistema nervioso, tiene un papel fundamental cuya precisión, evita fallas en el resto de los eventos implicados en la sucesión de una actividad nerviosa. La relación de alta eficiencia entre la unidad fundamental y su conjunto, es de hecho, un portento de la naturaleza.

Con el fin de mostrar la importancia de la migración neuronal y su perfección evolutiva, que se describe al final de este libro, se abre el panorama para la discusión posterior sobre la apasionante estratificación cortical (Libro 4), que, al igual que la piel en el humano, no sólo tiene la función de revestir el cerebro, sino que procesa gran parte de los estímulos que llegan al individuo desde su entorno.

Este correlato neuroanatómico, se presenta como un experimento metodológico, tratando de solventar las necesidades pungentes del estudioso del cerebro en todos sus ámbitos.

Apoyado por una bibliografía de extensas obras eruditas en el tema, este ensayo pedagógico, fomenta aún más, el arte de asociar conocimiento mediante la investigación y recreación de temas leídos, porque finalmente, el aprendizaje es eso: una oda a la recreación de los temas, que en ocasiones, se nos antojan naturalmente fascinantes.

EL AUTOR

XV

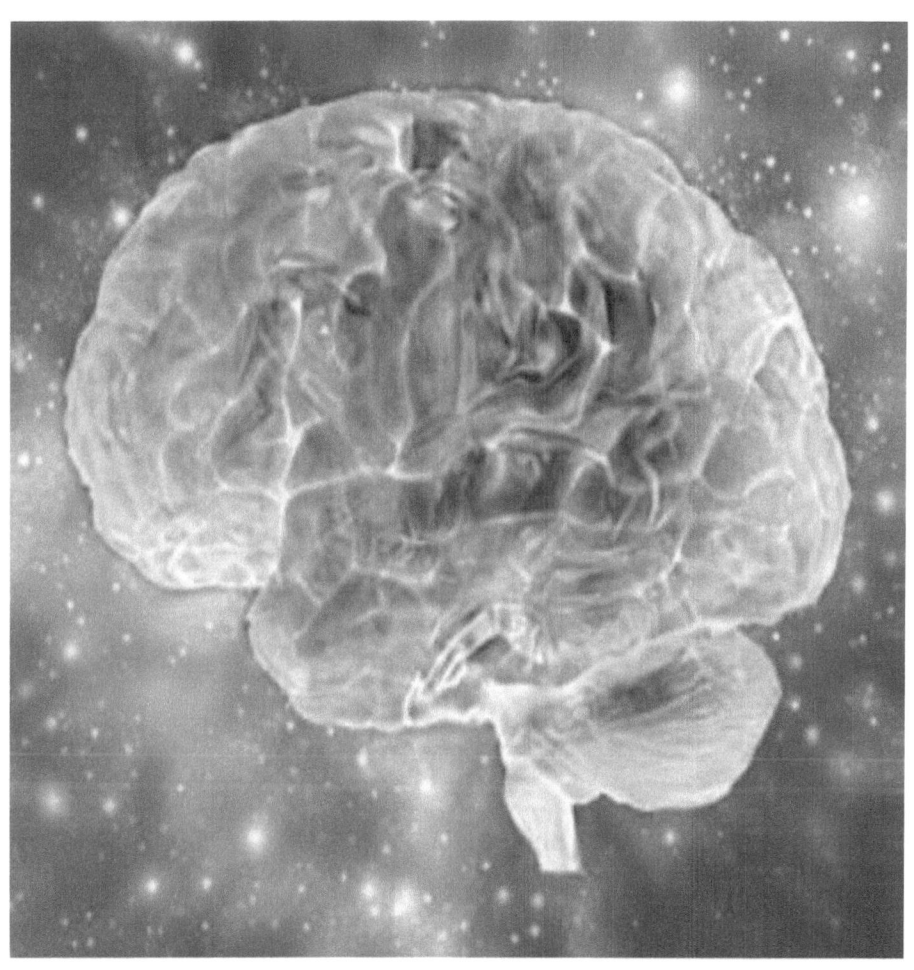

XVI

CREENCIA NEUROBIOLÓGICA

En algún espacio de terra firme,
al sureste de los lagos glaciares
del Sol y de la Luna,
Dentro del cráter del Volcán Xinantecatl.
(Noviembre 16 de 1996, 01:43 am.)

Creo en la sinapsis de Sherrington,
señora y dadora de vida
que procede
del cono de crecimiento axonal
y de la unión neuromuscular,
primera transformación
de lo invisible a lo visible,
proceso de expansión de un sistema.

Creo en la liberación de
Neurotransmisores,
nacida de la despolarización neuronal
antes de la inhibición presináptica
y en los eventos que la componen.
Efecto de efectos moleculares
Luz de luz,
engendrados no creados
de la misma naturaleza biológica
de los ácidos nucleicos,
por quien todo fue hecho;

Que por nuestra salvación
fue crucificada en tiempos apoptóticos,
y por obra evolutiva,
fue ascendida a unidad neuronal,

sentándose a la derecha de la ciencia,
y de nuevo vendrá con gloria
para juzgar a crédulos y escépticos,
y su reino no tendrá fin.

Creo en la santa coherencia neuronal,
que procede de una armonía
sincrónica,
que por los dos anteriores
recibe comandos genéticos
predeterminados,
adoración y gloria,
dedicación y sustento;
y que habla por nuestros
comportamientos.

Y en la Neurobiología
que es una santa,
científica y apostólica
confieso que hay varios textos
para el perdón de nuestra ignorancia
esperamos la resurrección del
entendimiento
y la conversión del mañana
en prehistoria

Amén.

ACRÓNIMOS

AB: Area de Brodmann
CPF: Corteza Prefrontal
AHL: Area Hipotalámica Lateral
BOLD *Blood Oxigen Level Dependent* (Nivel de Oxígeno Sanguíneo, útil en RMf.
COF: Corteza Orbitofrontal
FSC: Flujo Sanguíneo Cerebral
GPe: Globus Pallidus (Porción Externa)
GPi: Globus Pallidus (Porción Interna)
HAD: Hormona AntiDiurética
NSQ: Nucleo Supraquiasmático
NST; Núcleo SubTalamico
RMf: Resonancia Magnética Funcional
RMN: Resonancia Magnética Nuclear
SHH: Por sus siglas en inglês (*Sonic HedgeHog Homolog*, inductor genético en vertebrados, organizador morfógeno del SNC
SNC: Sistema Nervioso Central
SNPC: *Sustancia Nigra Pars Compacta*
SNPR *Sustancia Nigra Pars Reticulata*
SNMI: Síndrome de Neurona Motora Inferior
SNMS: Síndrome de Neurona Motora Superior
TAC: Tomografía Axial Computarizada
TEP: Tomografía por Emisión de Positrones
DTI: Imágenes por Difusión Tensorial

XX

MENCIÓN REFERENCIAL

SIMULADOR DE RMN***

Las figuras de RMN en este libro, fueron didácticamente procesadas para una mayor ejemplificación de la función cerebral. Sus correlatos de estereotaxia son acordes con experimentos clásicos de neurociencias cognitivas.

Las ilustraciones educativas fueron íntegramente desarrolladas por el autor siguiendo las coordenadas clásicas (xyz) de J. Tailairach y P. Tournaux, identificando estructuras cerebrales claves. Para alcanzar tal objetivo, fue usado un software de simulación 3D, basado en ecuaciones de Bloch, Algoritmos y otras rutinas de procesamiento de imágenes, diseñadas por Alan C. Evans, Remi Kwan y Bruce Pike del Centro McConnell de Imágenes Cerebrales, asociado al Instituto Neurológico de Montreal y a la Universidad de Mc Gill, con el apoyo multidisciplinario de profesionales en Ingeniería biomédica, ciencias computacionales, física médica, neurología, neurocirugía, matemáticas aplicadas, ingeniería eléctrica y psicología, entre otras disciplinas.

Kwan RK.-S, Evans AC & Pike GB (1999) MRI simulation-based evaluation of image-processing and classification methods" IEEE Transactions on Medical Imaging. 18(11):1085-97.

Más información:
R. K.-S. Kwan, A. C. Evans, and G. B. Pike, An Extensible MRI Simulator for Post- Processing Evaluation, Visualization in Biomedical Computing (VBC'96). NOTAS EN: Computer Science, vol. 1131, Springer-Verlag, 135-140, 1996. Artículo disponible en versión *html*, postscript (1M).

XXII

Povero Stolto! Sarai cosi ingenuo da credere che ti insegniamo apertamente il più grande e il più importante dei segreti? Ti assicuro che chi vorrà spiegare secondo il senso ordinario e letterale delle parole ciò che scrivono i Filosofi Ermetici, si troverà preso nei meandri di un labirinto dal quale non potrà fuggire, e non avrà filo di Arianna che lo guidi per uscirne.

Artephii clavis maiore sapientiae...
Artefio, 1685

La contemplación de un "ventrículo anterior" debe advertirse como *cellula phantastica* o como aquel recipiente que guarda la percepción o la imaginación. En un "ventrículo medio" debe vislumbrarse la *cellula logística* que refleja al intelecto, y en un "ventrículo posterior" hallaremos la *cellula memorialis*, la alegoría de la memoria.

**Nemesio,
Siglo IV DC**

<u>LA COMPLEJA MAQUINARIA FUNCIONANDO</u>

El objetivo de este capítulo es acercar, de una manera didáctica, al lector a comprender la gran magnitud funcional del sistema nervioso. Para ello, es necesario entender que toda actividad cerebral se lleva a cabo por conexiones (Cajal, 1889; Hebb, 1949; Feldman, 1985; Ballard, 1997; Sporns et al, 2002; Hagman et al, 2008; Toga et al, 2012). Es imposible imaginarlo sin comunicación y la conexión y la asociación finalmente parecen ser sinónimos correlacionados. El hecho de que la comprensión funcional del sistema nervioso parezca complejo, nos invita a elaborar

> Trate de evocar gráficos vistos en otros textos, sobre: Corteza cerebral, Cerebelo, Tallo, Médula espinal.

herramientas que faciliten el aprendizaje, y estas bien pueden ser los apoyos visuales. No se pueden asociar tales conexiones sino se tiene un mapa, al menos mental de lo que se quiere asociar, y para tal fin, es imprescindible conocer las estructuras que se van a unir.

Justamente, el propósito es relacionar los datos de procesamiento intelectual en un archivo cerebral y tener la capacidad de recuperación de tal evento de manera asociativa con sustratos mnemotécnicos (técnicas sencillas de memorización), llevadas a cabo por simple correlación o asociación de ideas a partir de la memoria de trabajo Goldman-Rakic, 1995; Baddeley, 2012), basadas en parámetros de eventos neurofisiológicos evocados, previamente adquiridos y retenidos; y finalmente apoyados en la memoria asociativa de un conocimiento. En síntesis, tratando de ubicar el segmento anatómico que se está citando y otorgarle una función aproximada según el texto.

Nuestro primer mapa en este capítulo, es un ejercicio didáctico. Contiene una carga simbólica de las principales áreas del sistema nervioso, pudiendo ser identificada por el lector. De esta forma, se intenta conceptuar la importancia de la neuroanatomía desde el punto de vista funcional y conformar un más amigable mapa mental (adecuado al pensamiento de cada lector) que, en adelante, será manejado por su cerebro para la comprensión de estructuras fundamentales relacionadas con la neurobiología del intelecto y la aplicación correlativa de las funciones neuronales que generan actividad en cada una de las áreas anatómicas cerebrales.

Fig 2.1 Ejercicio didáctico, para recordar a grandes rasgos, las estructuras del cerebro. Trate de ubicarlas.

MÓDULO 5

5.1 PRINCIPIOS BÁSICOS NEUROANATOMICOS

Un sinnúmero de magníficos libros de Neuroanatomía presentan indudablemente, el esplendor propio de las grandes obras ejemplares de la historia. Para profundizar el tema, se sugieren algunas de ellas; las mejores y de diseño más academicista, han sido seleccionadas cuidadosamente en la bibliografía al final de este texto, el cual no pretende ni siquiera, acceder a las características de esos impresionantes trabajos, sino más bien el de orientar muy humildemente al lector en la perspectiva objetiva circunscrita al perfil de éste escrito.

Los avances en la tecnología de la investigación básica en neurociencias, las

Principios Básicos Neuroanatómicos

nuevas técnicas en neurobiología molecular e incluso las estrategias de didáctica computacional orientadas a la enseñanza, teniendo como base previa, la memoria de trabajo, la atención visual y la motivación (Jacoby & Ahissar, 2013), parecen no ser suficientes para optimizar un programa de enseñanza práctico, basado en las estructuras fundamentales que integran la generación del pensamiento.

> Para un aprendizaje óptimo se requieren tres elementos cardinales: Motivación, Atención y finalmente, la instauración efectiva de los sistemas de memoria.

Los enfoques cardinales de la neurofisiología correlativa, es decir, el arte de comprender la función cerebral desde el punto de vista anatómico, son el fundamento de éste capítulo.

Para reforzamiento del mismo proceso de aprendizaje, existen además de las cápsulas de información, algunos apuntes sobre neuropatología clínica; ninguno con el ánimo de convertir este capítulo en un texto de neurología aplicada -situación que requeriría efectivamente de otra óptica analítica- sino más bien, con el fin de garantizar mejores condiciones de asociación mnemotécnica ejemplificando la relación estructural con los procesos de salud-enfermedad que se presentan en el sistema nervioso.

Ya vimos en la figura 2.1, un encéfalo. Unidad a la que estaban ligados, el cerebelo, la protuberancia anular, el bulbo raquídeo y la medula espinal.

Iniciaremos la descripción del encéfalo, la masa más grande del sistema nervioso, de

La Compleja Maquinaria Funcionando

5

un peso aproximado de kilo y medio, pudiendo llegar a pesar 1630 gramos en adultos y alrededor de 340-400 g. en recién nacidos (Blinkov & Glezer, 1968; Nieuwenhuys et al, 1998). Éste se subdivide en el Prosencéfalo o parte anterior, comprendido por el Diencéfalo, (donde están las áreas emocionales y del juicio,) y el teléncefalo. En la mitad del cerebro, encontramos al Meséncefalo, y por último, el Cerebro posterior.

| ANTERIOR | MEDIO | POSTERIOR |

Los anteriores datos, eventualmente podrían adecuarse con fines meramente organizativos, a la clásica división cortical de los lóbulos Frontal, Temporal, Parietal y Occipital.

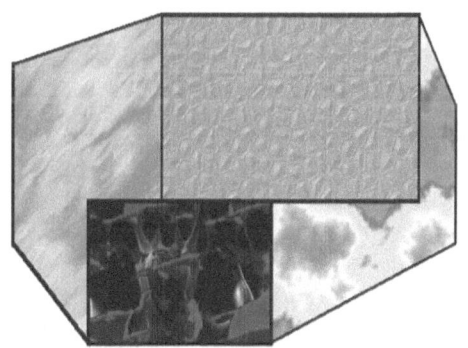

Fig. 2.2. Analogía geométrica de las grandes divisiones encefálicas. Aprecie las áreas y distribución de los perímetros para cada una de las funciones.

La discusión hasta ahora parece ser lógica, los puntos cardinales, arriba, abajo, atrás y adelante, han sido delimitados con su función.

Lo anterior, funciona como simple convención de asociación. Clásicamente, el lóbulo frontal procesa el juicio del individuo, en el Temporal están arraigadas las funciones de memoria, emocionales y neurovegetativas; mientras que en el Lóbulo Parietal encontramos las actividades de procesamiento somato-sensorial de gran dependencia cortical y el lóbulo occipital, o cerebro posterior, encargado del procesamiento visual (Gazzaniga, 2009, Baars & Gage, 2010, Squire et al, 2013).

La corteza es un punto de procesamiento sensorial y motriz, un puerto necesario para el arribo de información sensorial y para el desarrollo posterior de actividades motoras en respuesta al estímulo. Su relevancia es significativa y funcionalmente tiene su identidad dentro del impresionante complejo cortical cerebral, que es discutido en el libro IV.

Sin embargo, sabiendo que la corteza es la parte que recubre al cerebro entonces, el turno es para su parte interna: la parte de adelante, la del medio y la posterior.

> Cerebro anterior, Cerebro medio, Cerebro posterior.

DIENCEFALO Y HEMISFERIOS CEREBRALES	MESENCEFALO	METENCEFALO
		Protuberancia Bulbo Raquídeo
	Estructuras Periacueductales Formación Reticular Núcleos Protuberanciales	Cerebelo
Tálamo Ganglios Basales Sistema Límbico		MIELENCEFALO
		Médula Espinal

Cuadro 2.1 Pedagógicamente las áreas cerebrales enmarcadas, identifican al tronco cerebral, un estratégico correlato neurofisiológico esquematizado en la figura 2.1.

A estas tres partes principales desde el punto de vista funcional, les debemos agregar los hemisferios cerebrales divididos por el cuerpo calloso, con sus estructuras que identifican la relevancia de su conformación epigenética (Zaidel & Iacoboni, 2002). En ellos consideramos a los ganglios basales con función predominante motora y a los centros límbicos que regulan las emociones, el comportamiento y las asociaciones con procesamientos corticales de alto orden, entre ellos podremos citar, la amígdala, el hipocampo y la corteza cingulada anterior, estrechamente relacionadas con los recuerdos, los afectos, y el procesamiento cognitivo de los mismos (Joseph, 2011 a, b).

Recuerde: Sistema Límbico, Tálamo, Cerebelo, Ganglios basales, hemisferios cerebrales.

El diencéfalo es la porción del cerebro que desde el punto de vista funcional e intelectual nos interesa, pues en él se encuentran las estructuras más básicas como el tálamo, un punto de relevo fundamental encargado de procesar la gran mayoría de información que llega del exterior o regresarla, tras la llegada de un estímulo a la corteza; y el hipotálamo que es el centro regulador de las funciones vegetativas por antonomasia en el cerebro y otros elementos que en este mismo capítulo describiremos para lograr una idea integral del funcionamiento macroanatómico neuronal.

El llamado tronco cerebral, es una estructura compleja y básica para las funciones de alto orden. Sería según nuestro modelo: la unión del Metencéfalo y el cerebro medio, (letras azules) sin contar el cerebelo. Allí en el tronco encontramos, además del mesencéfalo, al puente de Varolio o

Estructuras Principales

> Los 12 pares craneales emergen en el cerebro posterior.

tegmento protuberancial y al bulbo raquídeo. Entre ellos está la responsabilidad de nuestros actos conscientes, nuestro ciclo de vigilia y del sueño con una gran riqueza de funciones de intercambio químico que mantiene la actividad cerebral del alerta y la atención; y en el bulbo encontramos los núcleos que otorgan el funcionamiento de estructuras básicas del ser vivo, como la regulación cardiaca y los centros respiratorios.

Entre la protuberancia y el bulbo se reparten la emergencia de los doce nervios craneales importantes para traducir impulsos sensitivos y motores que caracterizan la personalidad externa de las emociones, como el parpadeo, los gestos, subir los hombros, etc; y se pueden encargar de más funciones motoras como la deglución y los movimientos oculares, además de participar sensorialmente en la olfación y las vías visual, acústica, gustativa, y en la percepción facial y trigeminal en sus ramas sensitiva.

Lo interesante de los anteriores párrafos y esquemas es que pueden resultar útiles al tratar de asociar, la realidad de la localización específica de una estructura con su jerarquización neuronal.

Es así como podemos ubicarnos de manera gruesa, si describimos al cerebelo y sabemos que se encuentra en la parte posterior del encéfalo, justo arriba del tallo cerebral, podemos concebir la idea simultánea, que el procesamiento de las tareas primitivas motoras descansan en esa área. Si a eso le sumamos que los primeros pasos del primate es una tarea elemental de sobrevivencia y que tal cualidad permanece asociada a la frase coloquial: *hasta ahora está aprendiendo a caminar*; es claro, que el concepto de aprendizaje está ligado a la organización cerebelar.

El cerebelo, clásicamente cumplía la función vegetativa de coordinación motora primitiva. Durante mucho tiempo se pensó que las experiencias de los primeros pasos, o del equilibrio se debían a estructuras cerebelares. Después se asociaron estas tareas a los ganglios basales y su genial microcircuitería y actualmente, el cerebelo es parte fundamental de los procesos de enseñanza-aprendizaje y hasta se ve implicado en mecanismos más complejos como son los de procesamiento de imagen (Zeki & Stutters, 2013, Seemungal, 2014)

En el caso específico de los ganglios basales, su función tiene una gran implicación en el control del movimiento neuromuscular. Si de popularidad se tratara, probablemente el estriado opacaría el desempeño de sus núcleos vecinos; sin embargo, es indiscutible que cada uno de ellos cumple con una tarea preponderante en los diferentes procesos piramidales y cognoscitivos. En conjunto, se les culpa de ser los ejes de trastornos de daño universal social como el Parkinson, la enfermedad de Huntington, el incipiente y cada vez más común síndrome de Angelman, la coreo-atetosis que aparece en algunas patologías neonatales e incluso una gama de trastornos psiquiátricos asociadas a los comportamientos obsesivo-compulsivos (Joseph, 2011).

> Uno de los reflejos más primitivos, el de prensión palmar en el recién nacido, es dependiente del desarrollo embrionario de las fibras de asociación subcorticales y los ganglios basales.

El Diencéfalo

Revisaremos, ahora más detalladamente cada uno de estos grandes sistemas, después de ubicar en los diagramas siguientes, las estructuras que estarían más implicadas en el procesamiento de alto orden cerebral.

5.2 EL DIENCEFALO

Entendemos al diencéfalo, como un cubo que contiene un elemento, el tálamo. Alrededor de el, estarán el EPItálamo (arriba), el SUBtálamo (abajo). En su porción inferior encontramos al hipotálamo, las conexiones del ojo al cerebro y los cuerpos mamilares, muy importantes para el relevo de información entre el tálamo y otros elementos diencefálicos.

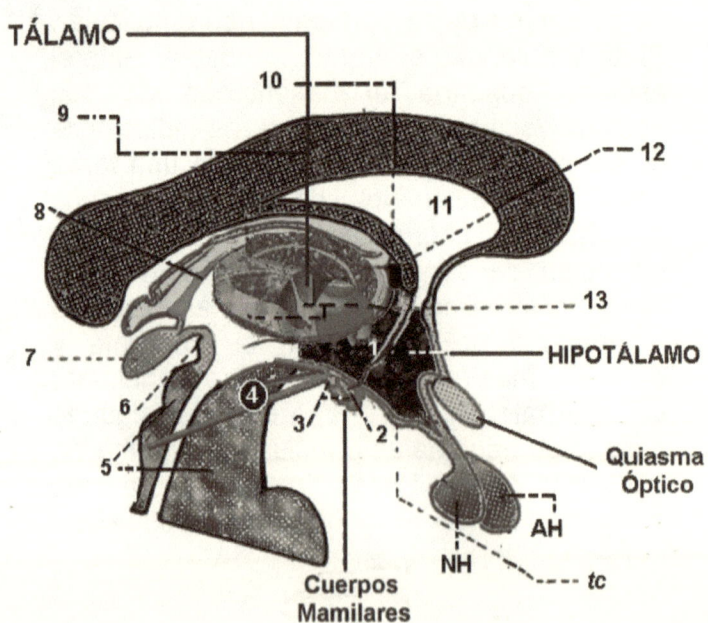

Fig. 2.3 Complejo neuroanatómico e interacciones diencefálicas. Sobresalen los principales componentes diencefálicos, como el tálamo, el hipotálamo, los cuerpos mamilares y el quiasma óptico, cuya proyección final es el nervio óptico. **1)**. Fascículo mamilo-talámico, conectado específicamente con **2)**, las neuronas del complejo mamilar medial. **3)**. Núcleo postmamilar, que junto con los cuerpos pre y supra mamilares se comunican con el **4)**, fascículo mamilo-tegmental, constituyendo importantes proyecciones a **5)**. los núcleos neurovegetativos del área mesencefálica. Otras conexiones diencéfalicas, recaen sobre estructuras epitalámicas, **6)**. comisura epitalámica o comisura posterior. **7)**. glándula pineal. **8)**. habénula. **9)**. Cuerpo Calloso **10)**. Fornix. **11)**. Area Septal, cuyos núcleos son trascendentes para las respuestas emocionales y afectivas. **12)**. foramen interventricular. Finalmente, se señala a ovalo tálamico, el centro más importante de procesamiento sensorio-motor. **13)**. Núcleos de cara externa e intralaminares del tálamo. Uno de los perfiles conectivos del diencéfalo tiene relevancia hormonal y se relaciona con la hipófisis o glándula pituitaria y sus dos lóbulos, posterior o neurohipofisis **(NH)** y anterior o adenohipófisis **(AH)**, cuyo punto de unión con el hipotálamo se conoce como *tuber cinereum (tc)*.

5.2.1 EL TALAMO

Por ser considerado como una esencial unidad en la traducción de los códigos de entrada sensoriales y motores, el tálamo, es examinado más a fondo en el capítulo en el que se describe el curso de codificación de la información neural (*Cfr.* Libro. 10). El óvalo talámico, ocupa un gran porcentaje del espacio diencefálico, constituido por dos láminas medulares (interna y externa) y un polo anterior, que tienen más de una decena de núcleos divididos en porciones, ventrolaterales (anterior, medial y posterior) y dorsales (mediales y laterales) y el pulvinar o posterior. Cada uno de ellos tiene

El diencéfalo está situado en el cerebro anterior. Sus estructuras son esenciales para la generación del intelecto.

> El tálamo es el principal punto de relevo sensorio–motor y conciencial.

conexiones de procesamiento cortical sensorial o motor, con el cerebelo, con la corteza prefrontal y con la formación reticular. El intercambio nervioso dentro del mismo diencéfalo con el hipotálamo, es promovido por el fascículo mamilo-talámico que inicia en los cuerpos mamilares en la base diencefálica (Jones, 2007).

A través de sus núcleos dorsomedial, dorsolateral e intralaminares tiene conexiones en las que llega a procesar información de estructuras implicadas en los acontecimientos emocionales y en el techo diencefálico; se encuentra la tela coroidea del tercer ventrículo que riega el borde superior del tálamo y el trígono cerebral o fornix; un grueso haz de fibras originadas en el hipocampo, cuyas eferentes son las responsables de la interconexión con su núcleo anterior.

Tiene una banda de comunicación de sustancia gris entre sus dos lóbulos talámicos que se encuentran a cada lado del tercer ventrículo, llamada la comisura gris o conexión intertalámica. En la superficie lateral, una banda de sustancia blanca llamada la cápsula interna, lo separa del núcleo lenticular. La cápsula interna, es el punto de convergencia de la llamada:"corona radiante" que es el haz de fibras nerviosas que lleva a la corteza la información proveniente del sensorio externo y la encargada del procesamiento sensoriomotriz cortical.

El tálamo, por tanto, es la estación de relevo más trascendental para la integración de la información que recibe la gran mayoría de los fascículos sensitivos, así como de las funciones viscero-somaticas y además, es el responsable de la transmisión a zonas corticales de la información proveniente de la médula, por la vía del lemnisco medio espinal ascendente (Cfr. Libro 9, *Redes Neuronales que son imprescindibles*).

Entre los signos clínicos que llaman la atención vinculados con esta área encontramos el de la *mano talámica*, caracterizado por hiperextensión interfalángica y prono-flexión de la muñeca contralateral al sitio de la lesión. Un infarto talámico causado por oclusión aterotrombótica o una hemorragia de las arterias que lo irrigan, alteraría todo el sistema de procesamiento somatico-visceral en el individuo, ocasionando el denominado síndrome talámico post-isquémico (Deleu et al, 2000).

> Cuando se presenta un infarto talámico, el grado de daño cerebral depende de los núcleos que hayan sido afectados por el evento.

5.2.2 EL HIPOTALAMO

Se extiende a lo largo del piso diencefálico, entre los cuerpos mamilares y el nervio óptico. Su función es netamente neurovegetativa con implicaciones emocionales importantes y su asociación por medio del tracto hipotalamo-hipofisiario con la secreción hormonal, además de sus características celulares en el hipotálamo anterior, lo colocan en la categoría de ser un sistema de indudable relevancia social que influye notablemente en el comportamiento de las decisiones intelectuales del individuo y en el stress emocional (Dedovic et al, 2009; Dudás, 2013).

La función hormonal igualmente tiene una gran influencia en los estados de ánimo y experimentalmente se han asociado estas variaciones de la psique con los mecanismos de memoria, el papel de las hormonas, y su asociación con la consolidación y recuperación en la memoria emocional es discutido en la parte IV, *Las Aplicaciones de alto orden*.

El hipotálamo tiene dos sistemas celulares neurohormonales. El magnocelular y el parvocelular. El primero, envía sus comandos desde núcleos paraventriculares y supraópticos hacia la neurohipófisis o glándula posterior hipofisiaria, básicamente con oxitocina encargada de facilitar el trabajo de parto y la vasopresina que regula la osmolaridad del sodio en el organismo. El sistema parvocelular, de neuronas más pequeñas, se encarga de secretar péptidos inhibidores o estimulantes en el sistema portal-hipofisiario; llamado así por que viajan a través de complejos vasculares hacia la porción anterior glandular o adenohipófisis.

Las hormonas secretadas por la hipófisis anterior son la ACTH (adrenocorticotrópica) encargada de la función de la corteza de las glándulas suprarrenales, la STH, (somatotrópica) encargada del crecimiento, la asociada a tiroides que se encarga de parte del metabolismo energético cerebral; la LH y FSH, que se relacionan con la capacidad de ovulación en la hembra. Los neuropéptidos inhibidores hasta ahora conocidos son el factor inhibidor de Prolactina, de tipo

> Un eficaz desempeño neuro hormonal es fundamental para ejercer un óptimo control emocional e intelectual en el individuo.

dopaminérgico y que tiene la finalidad de evitar en la mujer la secreción constante de leche materna, el factor inhibidor de crecimiento o somatostatina y el factor inhibidor de la hormona estimulante de melanocitos (FIM) asociada a la pigmentación de la piel.

> La HAD y la Oxitocina, son péptidos implicados en funciones concienciales de muy alto orden.

La modulación refleja visceral dependiente del sistema nervioso autónomo, se efectúa a través de núcleo del tracto solitario, principal receptor de vías aferentes vagales en el tallo cerebral (Ver función bulbar, en este mismo capítulo), y la regulación de la temperatura es culminada por la interacción existente entre sus dos polos anatómicos: el hipotálamo anterior que reduce la temperatura y el posterior que la incrementa (Morrison & Nakamura, 2011).

El mecanismo de la sed depende de la HAD, hormona antidiurética o vasopresina, y su acción obedece al funcionamiento sistémico de la renina, angiotensina y aldosterona, que regulan la osmolaridad de todo el organismo.

En el momento en que se presentan cambios asociados con el sodio --el elemento que brinda los niveles de osmolaridad para despertar la sed--, las neuronas osmorreceptoras del grupo magnocelular estimulan la HAD a través de la neurohipófisis, con el fin de regular el grado de osmolaridad. Cuando hay un aumento de sodio en sangre, o hiperosmolaridad, entonces el hipotálamo desencadena la génesis de la sed.

Núcleos y Conexiones Hipotalámicas

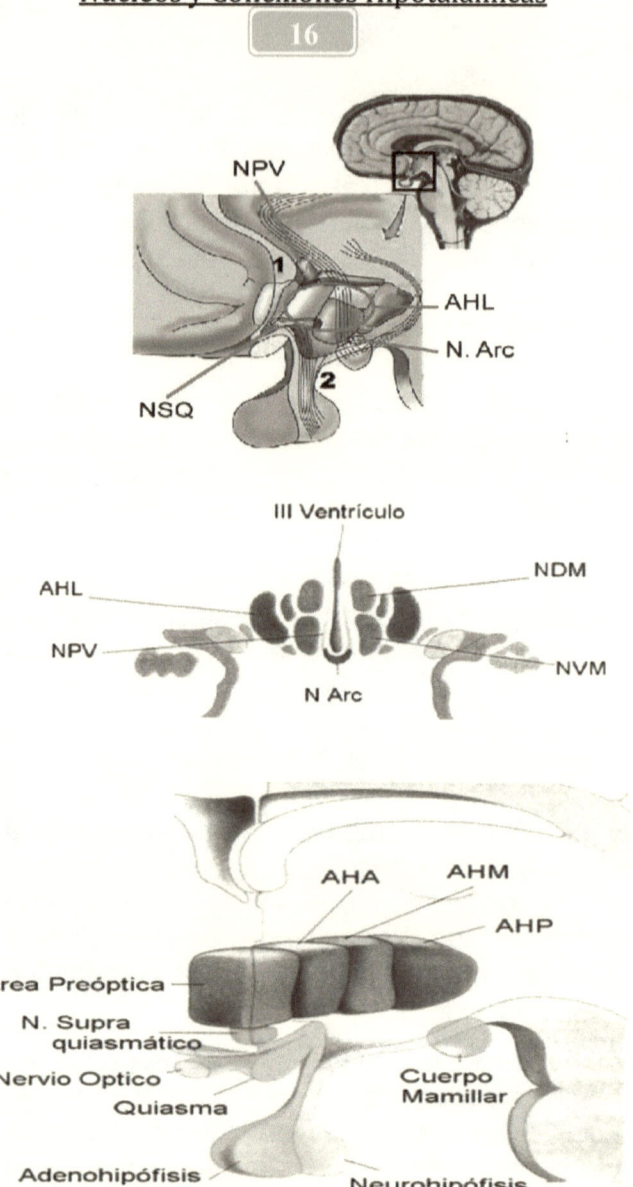

Fig 2.4 Los núcleos del hipotálamo. Perspectivas diferentes de la disposición neuroanatómica de los componentes hipotalámicos. El área ventricular se toma como referencia de localización. AHA, Area Hipotalámica Anterior. AHL, Area Hipotalámica Lateral. AHM, Area Hipotalámica Posterior. N Arc. Núcleo Arcuato. NDM, Núcleo DorsoMedial. NPV, Núcleo Periventricular. NSQ, Núcleo Supraquiasmático. NVM Núcleo Ventromedial. 1. Comisura Anterior, 2. Infundíbulo Hipotálamo-Hipofisiario. Adaptado de Mathews, 2001.

La Compleja Maquinaria Funcionando

La sudoración incrementa la osmolaridad y estimula de igual forma a los osmorreceptores. El alcohol y sus derivados, al igual que la entidad denominada diabetes insípida, asociada a la deficiencia de vasopresina, inhiben la acción de ADH, ocasionando diuresis alta.

Sus funciones homeostáticas incluyen los mecanismos de hambre y sed, coligados a conductas de la ingesta de corte motivacional. La regulación del apetito depende de la interacción y modulación de la actividad de dos de sus núcleos por medio de neuropéptidos. Un daño en el núcleo ventromedial del hipotálamo produce obesidad; por el contrario, si se presenta alteración en el hipotálamo lateral, desembocará en caquexia por falta de apetito. La secreción de uno de estos neurotransmisores en el hipotálamo ventromedial logrará la disminución de la ingesta por un dispositivo neural relacionado con la saciedad (*Cfr.* Libro "X").

> En el hipotálamo convergen funciones vegetativas muy importantes como el sueño, la sed, el hambre, la actividad hormonal y la regulación de la temperatura corporal.

Otra función del hipotálamo, que se presenta en la parte cinco de éste texto, *Niveles de conciencia y cognición*, es la de los ritmos circadianos. El núcleo supraquiasmático, que recibe inervación directa de las células ganglionares retinales a través del tracto retino-hipotalámico, se encarga de regular el llamado reloj biológico de los animales bajo estímulos lumínicos relacionados con el día y la noche.

Por su vecindad con los tractos tuberales, la adenohipófisis recibe órdenes de los neuropéptidos encargados de la liberación de LH y FSH, las hormonas responsables de estimular gonádicamente el Cuerpo Lúteo y el Folículo de *Graaf* durante el ciclo humoral femenino. En este tipo de eventos, el factor liberador de gonadotropina se encuentra en el núcleo arcuato, o tubero-infundibular, que tiene conexiones con los cuerpos mamilares (*Cfr.* Libro 9), mientras que la participación de los núcleos mediales dorsales y ventrales se vincula con un neuropéptido, que es conocido como tiroliberina, encargado de modular, desde sus comandos receptores en la hipofisis anterior, la liberación de factores tirótropos para el buen funcionamiento tiroideo. Además de la función reguladora del núcleo anterior en la temperatura, se cree que podrían estar implicados en la acción de producir el factor liberador de somatotropina, la hormona del crecimiento, y la ACTH, que se hace cargo de la modulación sistémica en el entorno suprarrenal, con un fuerte vínculo con la regulación de otras neurohormonas involucradas en la emoción y moduladas por un patrón circadiano asociado al cortisol (Dedovic et al, 2009, Morin, 2013).

> La Hipófisis o pituitaria es la glándula que gobierna y regula toda nuestra actividad hormonal desde el cerebro.

Un microadenoma hipofisiario puede tener consecuencias funestas en la función hormonal, mas no en lo concerniente a la dinámica hipotálamica. Su signología se orientará sobre todo a lo relacionado con la comprensión de la vía óptica, que es frecuentemente afectada hasta llegar a grados severos por hemianopsia bitemporal. En el síndrome de *Sheehan*, o apoplejía hipofisiaria, el diagnóstico veloz es fundamental para salvar la función del

La Compleja Maquinaria Funcionando

complejo hormonal, además de la función visual. Los padecimientos propios de la disfunción por ACTH son mayormente la enfermedad de *Addison* y la patología de *Cushing*, así como todos los trastornos involucrados con el sistema renina-angiotensina-aldosterona. Los datos clínicos de la insuficiencia cortico suprarrenal son opuestos a los de la enfermedad de *Cushing*. Una entidad interesante de predominio vascular isquémico, muy similar a la enfermedad de *Addison*, es el llamado síndrome de *Waterhouse-Friedrichsen*, o infarto suprarrenal, que tiene un curso fulminante frecuentemente potenciado por inmunocompromiso. En la enfermedad de *Schmidt*, se presenta la tríada clínica de *Addison*, Hipotiroidismo y Diabetes *Mellitus*, predominantemente en el género femenino y en la edad adulta.

> Cuando el sistema portal hipotálamo hipofisiario suele afectarse isquémicamente, se produce un gran daño en la síntesis integral de todo el dispositivo hormonal.

La importancia de los cuerpos mamilares consiste en su carácter de puente entre las fibras forniciales perihipocampales, aferentadas en los núcleos laterales mamilares y el hipotálamo, cuya información avanza hacia el tálamo por medio del llamado fascículo mamilo-talámico, o *Vic d'Azir*, que emerge de los núcleos mamilares mediales. Al lado de estas acumulaciones neuronales se alojan los núcleos supramamilar, pre y post mamilares, y de allí salen fibras hacia la protuberancia por medio del fascículo mamilo-tegmental, encargado de procesar datos neurovegetativos y emocionales (Ver conexiones en Fig. 2.3).

La histología del área hipotalámica tomó gran importancia a finales del siglo XX, con los reportes de Simon LeVay sobre la importancia de las células INAH 1 e INAH 2, (Intersticiales del Núcleo Anterior del Hipotálamo) como los marcadores congénitos del género y las preferencias sexuales (Levay, 1991). Al final de esta obra, se profundiza con mayor objetividad, la importancia del sexo sobre la conducta social, analizando como la biología sexual y neuroendocrina del individuo, tiene una potencial influencia en la modificación del pensamiento racional (*Cfr. Libro «X», Sex-Cualidad y Cerebro*).

5.2.3 SISTEMA LIMBICO

Otro de los subsistemas que se encuentran relacionando el diencéfalo y los hemisferios cerebrales, es el de integrar los procesos afectivos y cognitivos. La neurofisiología correlativa del área límbica es uno de los apartes más didácticos de este tema.

> El sistema límbico, realiza el procesamiento de las emociones, involucrando función amigdalina, hipocampal, hipotalámica, septal y de la corteza cingulada.

El sistema límbico es el responsable del procesamiento emocional de todos los estímulos externos que recibimos. En él están inmersos, además del hipotálamo diencefálico, el bulbo olfatorio, comunicado por su corteza entorrinal a la vía perforante del hipocampo, la corteza cingulada y demás estructuras en su mayoría interhemisféricas que se aprecian en la figura 2.5.

El miedo, las sensaciones neurovegetativas, los estados de furia y las características hipotalámicas arraigadas en el comportamiento que desencadenan reacciones sociales, como son el control de la líbido, , el sueño, la sed, el hambre y las necesidades del control térmico de nuestro cuerpo, son a veces reflejados en nuestro estado de ánimo.

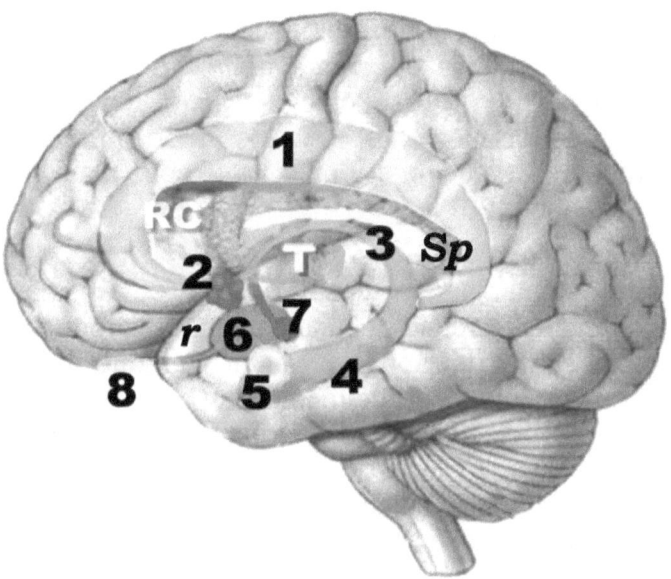

Fig. 2.5   Estructuras de la función límbica. 1. Giro Cingulado (CCA), 2. Núcleos Septales 3. Fórnix 4. Hipocampo 5. Área Uncal y Amígdala 6. Hipotálamo 7. Cuerpos Mamilares y Fascículo Mamilo-Talámico. 8. Bulbo Olfatorio. La prolongación anterior del *rostrum (r)*, forma la cintilla olfatoria y el fórceps menor. **T**, Tálamo, **RC,** Rodete anterior del cuerpo calloso. Pilares anteriores del trígono, *Sp*, Splenium.

El hipocampo es un eje fundamental del sistema límbico, ubicado en el lóbulo temporal medio. Somera y funcionalmente lo describiremos como una especie de embrión alargado en forma de media luna, cuya cabeza corresponde a una formación tisular acentuada, conocida como *giro* o *Fascia Dentada*, del cual se desprende un surco curvo, longitudinal y muy delgado, rico en una gama de estirpes neuronales altamente especializadas que constituyen la circunvolución hipocampal, que termina en el *uncus* o gancho del hipocampo, cuya parte inferofrontal se encuentra debajo del núcleo amigdalino, la estructura límbica implicada preponderantemente en los procesos de memoria emocional y afectiva (Roozendaal & McGaugh, 2011).

> La amígdala basolateral con gran actividad adrenérgica, es una estructura clave en los mecanismos de memoria emocional.

Una hernia uncal clásica se origina cuando el gancho del hipocampo se introduce a través del orificio tectal, produciendo compresión principalmente en el III par (MOC), el pedúnculo cerebral y la arteria cerebral posterior, causando hemiplejia contralateral, anisocoria y hemioanopsia homónima secundaria a un evento isquémico. Solamente cuando la eventración afecta porciones fibrosas decusadas pedunculares, los signos hemipléjicos son ipsilaterales a la parálisis del III par, conformando la clásica entidad nosológica denominada "Fenómeno de desplazamiento cisural de *Kernohan*" (Kernohan & Wothman, 1929), que frecuentemente se convierte en problema de diagnóstico diferencial, poniendo en aprietos al clínico cuando no se es diligente en el discernimiento de tal signología.

El padecimiento sobreviene a un daño extenso por trauma asociado a un hematoma que cumpla con los requisitos de masa ocupativa, o una hidrocefalia que desplace segmentos anatómicos adyacentes hasta llegar a la herniación, por ejemplo. Debido a su íntima relación hipocampo-mesencefálica, manifiesta trastornos deletéreos de la conciencia, debido al influjo inhibitorio serotoninérgico, proveniente del Sistema Reticular Activador Ascendente (SRAA), y a la presencia de sistemas de emergencia motora *gamma* «γ», produciendo la rigidez de descerebración.

> La Corteza Cingulada anterior integra información conciencial de tipo cognitivo y emocional.

Una de las interconexiones más relevantes en neuroanatomía, desde el punto de vista intelectual, es la que brinda el trígono cerebral con la corteza cingulada anterior, implicada en la función neurocognitiva y afectiva (Simpson *et al*, 2001). Dentro del complejo trigonal conocido como *fórnix*, el *alveus* converge cubriendo la superficie ventricular hipocampal, formando, a manera de cinturón, el cuerpo franjeado o *cíngulo*, que conduce sus fibras hasta la parte posterior hipocampal por encima del tálamo y debajo del cuerpo calloso, constituyendo los pilares posteriores del trígono cerebral (Pelletier et al, 2013).

En este complejo se fundamenta la red que comunica indirectamente al hipocampo con los núcleos talámicos, a través de un eventual entrecruzamiento de la comisura trigonal. El fórnix tiene numerosos objetivos sinápticos hacia estructuras límbicas como el hipotálamo y los cuerpos mamilares, que a su vez se conectan con el núcleo anterior del tálamo, conformando el circuito emocional de *Papez*, descrito en 1937 y que se analiza en la sección IV de esta obra: *Las aplicaciones de alto orden.*

Conexiones del Fornix

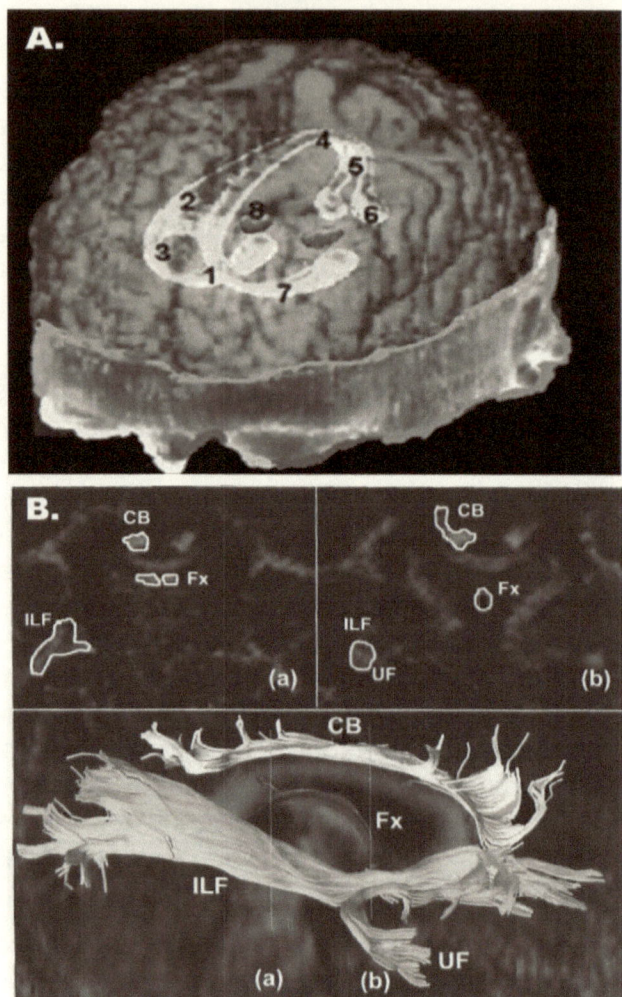

Fig 2.6. Estructura tridimensional del Fornix. 1. Alveus. 2. Cuerpo Fornicial. 3. Comisura anterior del trígono. 4. Formación Comisural Posterior. 5. Pilares posteriores. 6. Cuerpos mamilares. 7. Fimbria hipocampal. 8. Núcleos Amigdalinos. En **B, Imagen Tractográfica** por difusión tensorial (DTI), que evidencia fibras de interés cercanas al área fornicial perihipocampal. CB, Cíngulo. ILF, Fascículo Longitudinal Inferior; UF, Fascículo uncinado y Fx. Fornix. Arriba, apréciense los cortes coronales a) y b) indicados verticalmente en la tractografía inferior. (A partir de Park, 2005).

Toda la función aferente y eferente trigonal e hipocampal, en cada una de las subestructuras de gran variedad fisiológica, - sustentada en el carácter excitatorio de sus neuronas y los sofisticados sistemas de neurotransmisión y modulación que ellas dominan, para llevar a cabo los procesos celulares fundamentales vinculados con las bases moleculares del aprendizaje y la memoria-, es analizada en el capítulo 13, en la parte IV correspondiente a las aplicaciones intelectuales de alto orden. Excepto, el papel de los núcleos septales asociados con las sensaciones altamente placenteras y el orgasmo sexual, ubicados entre el fórnix y la comisura blanca anterior; que es parte obvia del libro X, *SexCualidad y cerebro*.

5.3 LOS HEMISFERIOS CEREBRALES Y LA SUSTANCIA BLANCA.

Finalmente, gracias a los trabajos de R.W Sperry sobre la importancia fisiológica de las fibras mielinizadas de sustancia blanca en la división interhemisférica (Sperry, Conferencia Nóbel 1981), se describen a continuación tales tractos para entender sustratos importantes que garantizan sucesos de regeneración nerviosa o patologías de asimetría dentro del tema de los hemisferios cerebrales, que se traducen en tareas de procesamiento de alto orden.

La fisiología de las estructuras comisurales se apoya en fibras constituidas principalmente por sustancia blanca.

Las comisuras interhemisféricas comprenden el cuerpo calloso con sus porciones anteriores, el *rostrum* (más anteroinferior y delgado) y el *genu*, o rodilla de la comisura mayor, que se proyecta de forma antero-posterior sobre el *corpus* comisural superior hasta llegar al *splenium*, o rodete, en la rama posterior del cuerpo calloso que se orienta hacia el lóbulo occipital formando el elemento conocido como *fórceps mayor (vide supra).*

> En la actualidad, uno de los estudios más vanguardistas para seguir los fascículos de la sustancia blanca, se realiza por tractografía.

Esta división de la comisura mayor, o cuerpo calloso, es sólo para enfatizar que cada una de estas comisuras tiene proyecciones hacia sitios importantes de arribo cortical; por ejemplo, la rodilla anterior que forma el *fórceps menor* y se proyecta a la corteza frontal, y el *rostrum,* que se enlaza con un delgado haz fibroso cercano al hipotálamo y a la cintilla olfatoria a través de la lámina terminal, llamado comisura blanca anterior (Ver Figura, 2.5). De ella también surge otro haz más grueso que se proyecta hacia los ganglios basales, principalmente al núcleo lenticular formado por el Putamen y el *Globus Pallidus,* y así se conecta con el lóbulo temporal (Zeidel & Iacoboni, 2002).

El reconocimiento de las comisuras resalta característicamente por sus bordes limitantes con básicas estructuras. En el caso de una patología de la glándula pineal con desarrollo de crecimiento celular anormal, un pinealoma por ejemplo, la comisura blanca posterior resulta ser un punto clave, además de otros parámetros que la circundan, como la línea media, el acueducto mesencefálico en su vista hacia el tercer ventrículo, los tubérculos cuadrigéminos posteriores, collículo superior y por debajo del tallo pineal. Similarmente, las fibras de los núcleos

La Compleja Maquinaria Funcionando

pretectales, participantes en el reflejo pupilar, se entrecruzan en esta comisura con axones que arriban a los núcleos del tercer par craneal, motor ocular común, en zonas fundamentales del tallo cerebral. Por causa de esta coyuntura, uno de los síntomas en pacientes con masa ocupativa en esta área presenta compromiso o parálisis en el movimiento ocular vertical, a veces acompañado de miosis persistente por alteración del núcleo parasimpático accesorio de *Edinger-Westphal*, e hidrocefalia concomitante, también conocido como síndrome de *Parinaud*.

> En niños, la cefalea recurrente, pupilas pequeñas y una limitación en los movimientos oculares; podría sugerir un tumor de la glándula pineal.

En el sistema límbico también existen fibras de entrecruzamiento como el clásicamente descrito *salterio olira*, o *fórnix*, que constituye la comisura trigonal cuya función es unir al hipocampo de ambos lados hemisféricos. Cerca de los núcleos habenulares, cuyas aferentes provienen de amígdala e hipocampo, atraviesa otra comisura, la interhabenular.

Otras proyecciones de la sustancia blanca interhemisférica son las fibras de asociación subcorticales, aunque existen otras largas, como el cíngulo. Su cubierta, llamada corteza cingulada, comprende toda la circunvolución del cuerpo calloso en proyección antero-posterior. La corteza cingulada anterior (CCA) toma particular importancia en los procesos cognitivos. Igualmente, existen fibras de asociación aún más largas, como el fascículo superior que une tres lóbulos, el haz longitudinal inferior, que viaja desde el occipital hasta la vía óptica y se ramifica en el lóbulo temporal, y el frontooccipital, que atraviesa el cerebro de extremo a extremo y se relaciona con el borde externo del núcleo caudado.

Muy cerca de estas estructuras se encuentra --dispuesta de forma lateral y paralela al núcleo lenticular, aunque separada por la cápsula externa-- una interesante zona anatómica conocida como la Ínsula o insula de *Reil*, cuyo objetivo primordial ha sido vinculado con fenómenos sensoriales auditivos y eventos cognitivos, pero mayormente emocionales. Ésta se distribuye, como es de esperarse, en ambos hemisferios, con un intrincado patrón vascular que incluye un promedio de 96 arterias provenientes de la arteria cerebral media (Türe, Yasargil, Al-Mefty, 2000).

Por último, las fibras de proyección son la cápsula interna, ubicada entre los núcleos basales (caudado y lenticular), y el tálamo. Cuando las fibras se proyectan afuera del área de conexión tálamo-estriatal, lo hacen en dirección a la corteza, y reciben el nombre de corona radiante. Debe recordarse que la mayoría de estas fibras de proyección siguen cierta relación con las de asociación, pero con la diferencia de que cruzan la fibra comisural mayor o cuerpo calloso y la comisura blanca anterior cerca de la vía visual, por lo que se llama radiaciones ópticas. Cuando existe un accidente vascular-cerebral en la arteria cerebral media, hay compromiso cortical y también de la cápsula interna en su vinculación con las radiaciones ópticas, produciendo hemianopsia homónima contralateral, además de la signología propia de una afección estriatal.

> La hemorragia de la arteria cerebral media ocasiona infarto de la cápsula interna, produciendo daño irreversible en las zonas aledañas al núcleo estriado y al tálamo, presentando síntomas contra laterales del lado afectado.

5.4 LA ENIGMÁTICA MICROCIRCUITERÍA DE LOS GANGLIOS BASALES.

Los llamados ganglios basales comprenden estructuras nigro-estriatales, adyacentes al núcleo subtalámico de *Luys* (NST) y cercanas al *claustrum* o antemuro, la sustancia innominada de *Reichart* y la zona incierta de *Forel*.

La conformación estriatal comprende a los núcleos caudado y lenticular. El núcleo lenticular está constituido por una zona triangular cuyo *apex* tisular palidece gradualmente desde su borde externo hasta la parte interna, o *globus pallidus, (GP)*. Su porción más rostral es el putamen, cuya similaridad histológica con el caudado y su origen mesencefálico le otorgan un carácter estriado, de allí su nombre.

> Los ganglios basales, en especial el núcleo caudado y la *sustancia nigra*, son esenciales para la integración motora.

La sustancia *nigra* (SN), formada ventralmente por las capas *pars reticulata* (SNPR) y *pars compacta* (SNPC) en su parte dorsal, es un componente de sustancia gris que se encuentra localizado en el mesencéfalo tegmental.

Lo interesante de ésta microcircuitería radica en el intercambio de relevo aferente y eferente, que está cargado de importantes sustratos químicos, por los cuales fluye determinada información. Estudios neuroanatómicos funcionales generan polémica acerca de la organización que tienen los ganglios basales para comunicarse entre sí (Alexander & Crutcher, 1990, Graybiel,

2005). Tan sólo en el estriado se presentan tres niveles de heterogeneidad y organización, con proyecciones de SNPC, GP y NST. En los primates, la corteza sensoriomotora puede proyectar, a través del putamen, la representación somatotópica de una extremidad, mientras que las cortezas de asociación cortical en general, y la corteza cingulada anterior, se proyectan en el núcleo caudado. Finalmente, las aferentes de las áreas corticales límbicas y paralímbicas, junto con las de la amígdala y el hipocampo, terminan en la porción ventral del estriado, así que, en síntesis, las tres áreas organizativas del estriado son: asociativa, límbica y sensoriomotora.

La relevancia del circuito implicado en movimientos voluntarios o involuntarios se resume en cuatro didácticas vías, que son parte de los modelos de procesamiento paralelo, detallados analíticamente en la parte III, *Redes neuronales*, de este libro.

> El núcleo caudado, el putamen y el sistema pállido-estriatal son puntos de relevo de importantes neurotransmisores entre la corteza y estructuras subcorticales

1. El circuito de retroalimentación cortico-nigro-lenticular que, a través de los núcleos intralaminares del tálamo, se conecta a las cortezas premotora y motora suplementaria.

2. Óculo-motora, existente entre el colículo superior y núcleo caudado, vía el tálamo.

3. El complejo dorso-lateral prefrontal (DLPF), que relaciona la cara latero-dorsal del núcleo caudado y la corteza

de asociación prefrontal, retornando por el tálamo, en particular al núcleo ventral anterior, que interviene en la memoria espacial.

4. El circuito lateral orbito-frontal, unido al caudado en su porción ventromedial, y relacionado con cambios de conducta y toma de decisiones.

El *globus pallidus* representa la actividad eferente de este grupo. Tiene dos componentes laminares: interno (GPi) y externo (GPe), con neuronas de carácter GABAérgico, de largas dendritas y una peculiar arborización dendrítica discoidal, que conforma paralelamente los bordes laterales del GPi y del GPe (Vicente & Costa, 2012). Estas células nerviosas reciben información del NST y el estriado, y en menor cantidad del núcleo pedúnculo-pontino y del *rafé* dorsal. Las neuronas estriatales que terminan en GPe contienen encefalinas, mientras que las de la porción interna GPi son ricas en un neurotransmisor conocido como Sustancia P, pero también en encefalinas. (Mallet et al, 2012, Hjelmstad et al, 2013).

Los neurotransmisores que intercambian las neuronas de los ganglios basales, determinan importantes actividades reguladoras inhibidoras y excitatorias a nivel cortical.

Una precisión interesante, desde el punto de vista anatómofuncional, es mencionar que, el principal sistema eferente de los ganglios basales, es generado por GPi y SNPR, perteneciente al subcircuito cortico-nigro-lenticular (Ver Libro 9, *Redes Neuronales que son imprescindibles*).

La Microcircuitería Nigro-Estriatal

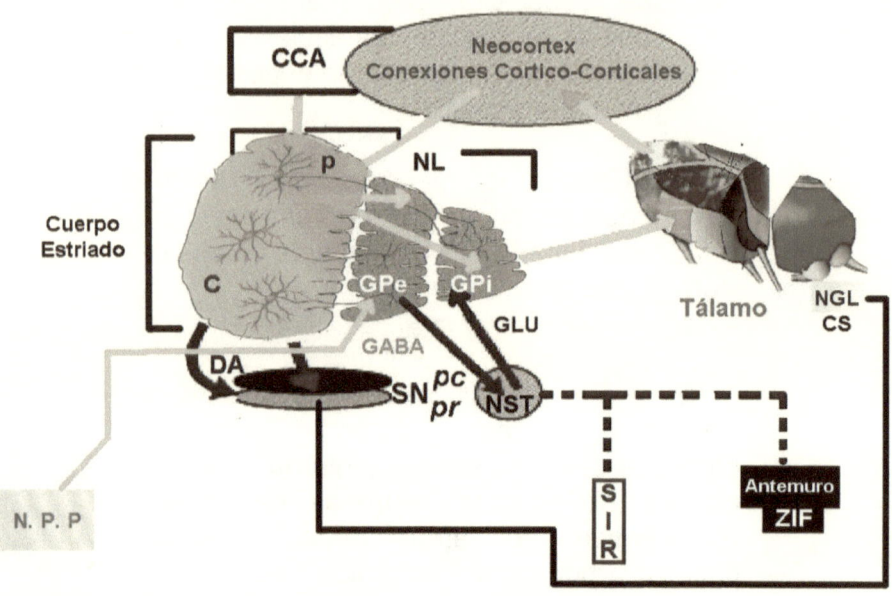

Fig 2.7 La importancia estratégica de los ganglios basales. Interacciones nigroestriatales con importantes áreas corticales y subcorticales. El caudado y el putamen, tienen la mayor parte de conexiones directas con *Globus Pallidus,* en sus caras externa (GPe) e interna (GPi), Núcleo subtalámico de Luys (NST), Sustancia Nigra (SN) *pars compacta (SNpc)* y *pars reticulata (SNpr).* Cada una de las aferentes y eferentes a distintas áreas tienen una función específica de neurotransmisión, como GABA, Encefalinas o Sustancias P, además de Dopamina (DA), Acido Glutámico (Glu), etc. (Ver Texto). De la porción pálida del núcleo lenticular (NL) hay fibras nerviosas que se comunican con núcleos pedúnculo- pontinos (NPP). De la *SNpr* hay proyecciones a núcleo geniculado lateral (NGL) y collículo superior (CS), generando la actividad propia de los reflejos oculo-motores. El putamen recibe aferencia directa de la Corteza Cingulada Anterior (CCA). Otras estructuras que se encuentran cerca del NST son la Zona Incierta de Forel (ZIF) y la Sustancia Innominada de Reichart (SIR).

La SNPC es una mancha opaca compuesta por neuronas, en su mayoría dopaminérgicas, que contienen neuromelanina, lo que otorga su color. La SNPR, por otro lado, aferenta al collículo superior y al Núcleo Geniculado Lateral del tálamo. Por último, la relevancia funcional del NST radica en su capacidad ambivalente para procesar información procedente del GPe y su relación con el GPi en los posibles mecanismos inhibitorios, además de una escabrosa interacción glutamatérgica que le brinda obviamente una condición doblemente interesante.

> El Hemibalismo o movimiento brusco involuntario, unilateral y rotatorio de miembros superiores, es asociado a la disfunción del núcleo subtalámico

Para ilustrar más elocuentemente el acoplamiento de fibras y estructuras en un espacio tan pequeño del cerebro, es menester ahora describir algunos movimientos motores característicos de la neuropatología clínica que, en determinados casos, identifican enfermedades neurodegenerativas, cuya ansia de curación, así como la comprensión de su génesis, motiva el diario investigar de connotados grupos de neurocientíficos en el planeta.

Respecto a la función de los ganglios basales, parece ser evidente que existe una regla de reciprocidad entre los temblores y la rigidez; ya que el *tremor basalis* sólo se manifiesta en ausencia de espasticidad y, por el contrario, cuando hay rigidez severa, el temblor desaparece. La llamada rigidez de decorticación (Cushing, 1902), caracterizada por extensión postural de miembros inferiores y flexión de miembros superiores con pronación de la mano y espasticidad terminal falángica, presente en el síndrome estriatal, se debe a la disfunción del núcleo caudado y el putamen.

En enfermedades metabólicas terminales, generalmente causadas por trastornos hiperbilirrubinémicos más que por una mera conjunción nerviosa, como la falla multisistémica grave, el daño hepatorrenal, o en algunos casos del síndrome de *Goodpasture* cuando se ha instalado la insuficiencia respiratoria, y sobre todo en la encefalopatía hepática, un signo patognomónico es la *asterixis*, una serie de flexiones temblorosas finas a nivel distal que puede observarse al extender las extremidades superiores.

El temblor clínicamente rítmico tiene un patrón alternante y ocurre más de una vez por segundo. Cuando en neurocirugía experimental se lesiona el núcleo ventrolateral talámico, o la porción más interna del GPi, el signo tiende a desaparecer.

> Los movimientos involuntarios son mediados por la actividad de ganglios basales.

Los temblores intencionales aparecen en enfermedades desmielinizantes como la esclerosis múltiple (EM), en la degeneración hepato-lenticular como la enfermedad de *Wilson* (Trocello et al, 2013), o €en intoxicación por anticonvulsivos del orden de la difenilhidantoína, entre otras condiciones.

La disquinesia tardía es un efecto colateral que deviene por el uso de antipsicóticos de la familia de los neurolépticos, cuyo "blanco" terapéutico se encuentra en los receptores dopaminergicos especializados *(Cfr. Libro 9).* Se caracteriza principalmente por un *orolingus* facial; en términos simples, un movimiento que compromete cavidad oral, orbicular de los labios y actividad motora del doceavo par craneal, y en grado notable se acompaña de distonías (contracción muscular involuntaria) en tronco y extremidades.

La Compleja Maquinaria Funcionando

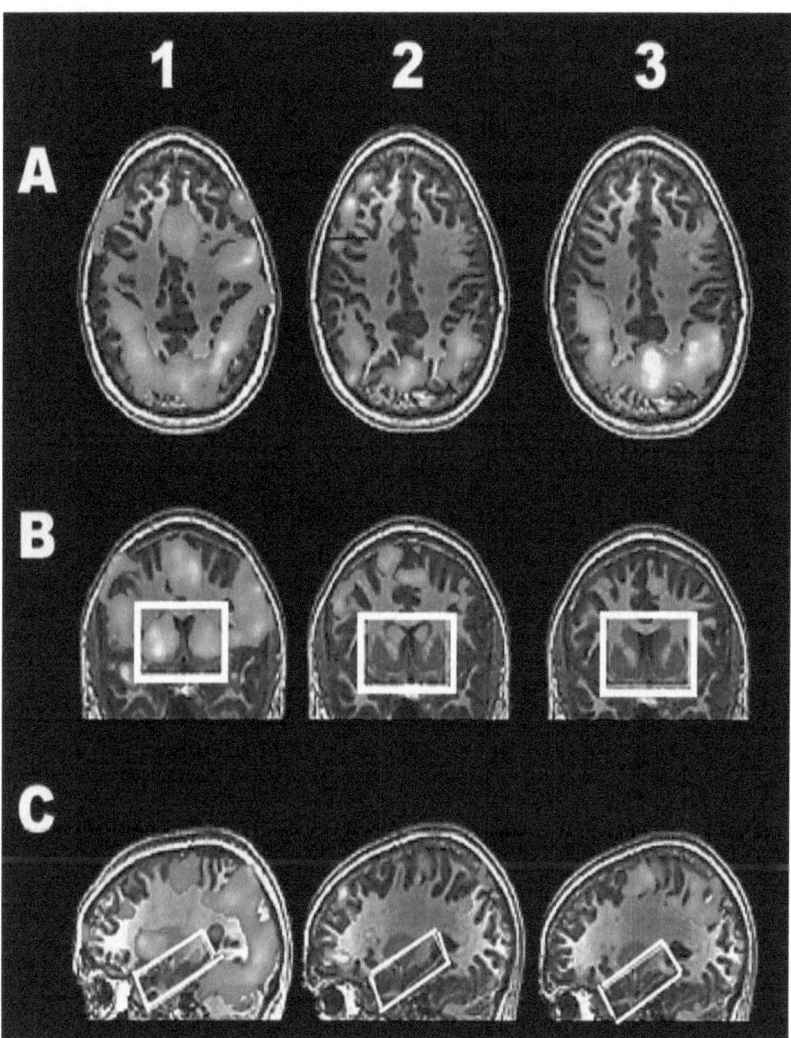

Fig 2.8. Evaluación de tareas cognitivo-concienciales en ganglios basales. 7 mujeres y 4 hombres (Promedio de 25 años, diestros y neuropsiquiátricamente sanos) categorizaron sus habilidades en: (1) Priorización de tareas, (2) Aprendizaje y (3) memoria subjetiva, con baterías como *días soleados-días lluviosos* e imágenes fractales. Las cortezas prefrontales y parietales (A), los ganglios basales (B) e hipocampo (C) fueron mayormente activadas durante discriminación cognitiva (saber, adivinar, intuir, recordar). (Modificado de Seger et al, 2011)

El hecho de que se mantengan los signos disquinéticos durante un periodo a veces superior al terapéutico habla de un fenómeno de sensibilización farmacológica a los mencionados receptores. Por tener un sustrato neuromuscular, la utilización de medicamentos que estimulan la transmisión de acetilcolina mejoran la sintomatología colateral del neuroléptico.

La *corea* es, desde el punto de vista clínico, la más aparatosa de las manifestaciones en donde preexisten un desorden e incoordinación motora generalizada, predominantemente distal, con movimientos gesticulares de difícil control que rayan lo grotesco. Hay fuertes evidencias experimentales de que tales desórdenes sean dependientes de células estriatales, y que los mecanismos de regulación de la intensidad en los eventos coreícos, se relacionen con la retroalimentación persistente del circuito cortico-nigro-lenticular (Parent, 1990).

> Los movimientos atetósicos, son típicos de alteraciones funcionales causadas por disfunción operativa de los ganglios basales

En países tercermundistas, y por causa de la proteína M del estreptococo β hemolítico del grupo A, la patología coreíca más común es la enfermedad de *Sydenham*, que afecta edades pediátricas, principalmente con estados de desnutrición, y se caracteriza por movimientos rápidos, incoordinación motora e hipotonía. Se le considera una de las mayores manifestaciones, según los clásicos criterios de *Jones*, para diagnosticar clínicamente la Fiebre Reumática.

Las coreas neurodegenerativas ocupan un lugar importante en la investigación dentro de la neurobiología del envejecimiento. En la enfermedad de *Huntington* (en competencia de *rating* frente al *Alzheimer* y *Parkinson* en países industrializados para los programas de apoyo a la investigación en este campo), se presentan, además, signos amnésicos y marcha inestable. Anatomo-patológicamente puede observarse una afección frontal, mayormente de estructuras estriadas y cerebelares y, en grados menores, del resto del complejo de elementos que influyen en el movimiento. Su diagnóstico muestra ciertas similitudes con el *Parkinson*, sobre todo en los datos de rigidez y demencia progresiva, así como en algunos fundamentos de la actividad neurotransmisora de GABA y dopamina, que podrían ser útiles como alternativa terapéutica al igual que otras sustancias endógenas, incluso canabinoides (Pidgeon & Rickards, 2013),

> Un rasgo de neuro degeneración puede ser notorio cuando hay baja actividad neuro transmisora en ganglios basales.

Otros diagnósticos diferenciales en patologías neurodegenerativas incluyen el que se exhibe mayormente en nativos de la más extensa de las islas Marianas, dentro de la llamada Oceanía estadounidense, caracterizado por esclerosis lateral amiotrófica, parkinsonismo y demencia, con aquinesia, inexpresividad facial, deterioro mental progresivo y alteraciones de motoneurona superior e inferior. La evolución de esta enfermedad no sobrepasa los cinco años desde su instalación, y en autopsias se han evidenciado datos de degeneración neurofibrilar, drásticos cambios de pigmentación en *locus ceruleus* y sustancia *nigra*, y atrofia pallidal. Tan aislado padecimiento fue bautizado con el nombre de complejo de *Guam*, en honor de la zona donde tiene mayor incidencia (Eldridge *et al*, 1969, Lee, 2011).

El síndrome de *Shy-Drager* presenta anatomopatológicamente atrofia nigroestriatal y cerebelar, e igualmente del *locus ceruleus*, lo que se traduce en la gravedad incurable de la enfermedad cuyo síntoma predominante es la hipotensión ortostática y la signología neuromuscular degenerativa. A veces se confunde su diagnóstico clínico con la entidad neurodegenerativa conocida como parálisis progresiva nuclear, caracterizada por todo el complejo sindromático parkinsoniano, al que se suma la afección al colículo superior, que ocasiona limitación en la vía motora visual. La intoxicación por manganeso produce degeneración lenticular, y una entidad nosológica llamada *locura mangánica,* provocada por el lento catabolismo hepato-cerebral del metal, muy frecuente en mineros chilenos. La degeneración pigmentaria del *globus pallidus* es otra característica que se origina en la enfermedad de *Hallevorden-Spatz*, de carácter autosómico recesivo, que se inicia en la adolescencia. Mientras que otra patología, conocida como el síndrome de *Fahr,* obedece, según hallazgos de patología clínica, a la calcificación de los ganglios basales.

Otro signo cardinal vinculado con los padecimientos neurológicos dependientes de esta zona es la Atetosis, descrita como espasmo móvil lento que implica a la mayor parte del cuerpo y compromete la postura. Al igual que la *corea* y el *Parkinson*, la localización de su particular cinética motora se ubica mayormente en extremidades

> Las alteraciones en el sistema nigro-estriatal, producen mayormente trastornos musculares neuro degenerativos.

superiores, así como en maxilares, área peribucal y extremidades inferiores. El componente anatómico implicado mayormente en la generación de los espasmos lentos es el GPi, pero obviamente las oscuras redes que lo comunican con los demás ganglios, también participan en la orquestación de tan peculiares movimientos.

En las encefalitis por impregnación de bilirrubina, la atetosis, puede ir acompañada de *corea* y se llama coreo-atetosis. El síndrome pallidal tiene signos de flexión generalizada de miembros superiores e inferiores, con pronación de muñecas, extensión de los dedos y mutismo aquinético. Una opción terapéutica neuroquirúrgica actual para tratar de eliminar la sintomatología, aunque no la enfermedad, es la controversial talamotomía.

> El *Kernícterus* (del alemán *Kern*: Núcleo e *icterus* ~amarillo), presente en la enfermedad hemolítica del recién nacido, es causado por saturación de bilirrubina indirecta, tóxica para los ganglios basales.

5.5   EL MESENCÉFALO

Muy interesantemente mide tan solo 2.5 cm, pesa 30 gramos y es irrigado mayormente por la arteria comunicante posterior. En sus núcleos descansa gran parte de la responsabilidad del alerta, los procesos atentivos de alto orden y de relevos muy importantes para la clínica de las vías visuomotoras y espino-cerebelosas, fundamentales en el aprendizaje motor primitivo.

En forma didáctica, se divide en 3 partes (Base, Tegmento y *Tectum*). El techo está limitado por la comisura blanca posterior antes descrita, y alberga a los cuatro tubérculos cuadrigéminos, también conocidos como collículos, trascendentales en el procesamiento audiovisual atentivo relacionado con los movimientos sacádicos observados experimentalmente (*Cfr*. Libros 5 y 11). El piso mesencefálico, por su parte, se vincula por la fosa interpeduncular con el paso de las últimas ramas de la relevante arteria basilar.

> En los procesos de atención visual, el colículo superior tiene una importancia fundamental.

El *tegmentum* está conformado acueducto mesencefálico entre el tercer y cuarto ventrículo. Su referencia anatómica es la más importante desde el punto de vista mnemotécnico. ¡Y no sólo eso! Junto a él se localizan los núcleos cuneiforme y subcuneiforme, con el cargo de manejar las fibras reticulares del SRAA (Sistema Reticular Activador Ascendente) presentes en manifestaciones ligadas a la conciencia, adosadas a la sustancia gris periacueductal.

En el otro centímetro... se ubica la sustancia *nigra*, relacionada con graves enfermedades neurodegenerativas, al igual que los núcleos que originan los nervios motores oculares Común y Patético (III y IV), el núcleo de *Perlia*, responsable de la mirada vertical refleja, el núcleo de *Edinger- Westphal* (Kerr, 1975), cuyas células β-motoras tienen función constrictora del iris, produciendo el reflejo fótico del esfínter interno pupilar y modificando la esfericidad del cristalino por acción del músculo ciliar. Subyacentes al III par, estudiamos los núcleos descritos originalmente por Cajal y Darkschewitz (Ruherford et al, 1989), con actividad refleja lateral, conectados con el fascículo longitudinal medio y al MOC. Igualmente encontramos el paso del V par trigeminal en su tercera rama, que coordina la actividad

La Compleja Maquinaria Funcionando

motora de la masticación y por supuesto, localizamos al estratégico Núcleo Rojo Mesencefálico.

Fig 2.9 Esta es una analogía mnemotécnica. El río ilustra el acueducto mesencefálico, rodeado de la gran arborización que caracteriza la sustancia gris periacueductal. La niña del cuento sosteniendo las galletas, traduce obviamente el núcleo rojo. Ella se mantiene alerta, (núcleos del SRAA y conexiones neocorticales vía circuito cortico-nigro-lenticular) y mira para todos lados (Pares III y IV). El arcoiris, recuerda la modificación del cristalino gracias a la actividad constrictora del iris como parte del reflejo fótico que dilata las pupilas. En área mesencefálica hay gran presencia de neurotransmisores como la adrenalina y la acetilcolina en el control motor de las emociones, así como de dopamina; muy importante en la interacción del núcleo rojo con el neocortex, asociada a actividades anticipatorias y premotoras. El lobo... ¿querrá masticarla? O ella perderá el equilibrio... (Ver texto). Arte de caperucita contorneado por Al Río, matizada por Tom Smith.

Procesamiento Mesencefálico

El núcleo rojo mesencefálico se convierte en el principal centro de relevo sensorio-motor del área tegmental mesencefálica, y recibe información cerebelar a través del pedúnculo cerebeloso superior, junto con aferentes corticales asociadas al circuito cortico-nigro-lenticular de los ganglios basales antes descritos, enviando sus axones a la médula espinal a través del fascículo rubro-espinal, y esencialmente a la cajaliana formación reticular, a través del haz rubro-reticular, así como a los núcleos intralaminares y reticulares talámicos.

Los principales haces nerviosos que atraviesan este *tegmentum* conectándose con su impresionante gama de núcleos son:

> Los movimientos Óculo motores, requieren de la participación del fascículo longitudinal medio.

1. Los mayormente sensoriales: como el fascículo de *Lissauer*, encargado de procesar información nociceptiva espino-talámica; el lemnisco medio, responsable principalmente del tacto propioceptivo; el lateral, implicado en la audición y el trigeminal, sensitivo.

2. Los motores: fascículo longitudinal medio, trascendental en la coordinación oculocefálica.

3. Los límbicos: como el pedúnculo ligado a los tubérculos mamilares, que lleva los datos del SRAA al hipotálamo. El fascículo longitudinal dorsal, que tiene impulsos viscerales motores relacionados con la formación reticular y con los núcleos vegetativos del tallo, donde se encuentra el centro del vómito.

La Compleja Maquinaria Funcionando

43

4. Los vinculados con el núcleo rojo, en especial aquellos de acceso espino-cerebeloso y rubrotalámicos intralaminares.

La posibilidad de realizar un diagnóstico clínico exquisito sin necesidad de recurrir a la tecnología se observa en el síndrome de *Benedikt*. Paciente con historia de masa ocupativa vasculotraumática o infecciosa previa, ptosis palpebral ipsilateral con estrabismo divergente y sin reflejo fótico ni consensual, con ataxia contralateral y sintomatología propia del núcleo rojo en asociación con el circuito cortico-nigro-lenticular lo confirman. El síndrome de *Weber* es un ejemplo típico de daño en el piso mesencefálico, caracterizado por hemiplejia contralateral a la parálisis del MOC; en contraste, el síndrome de *Nothnangel* es muy común en niños que presentan tumores embrionarios, lesionando la vía motora del colículo superior y síndrome cerebeloso concomitante.

¿Cuál es la estructura neuroanatómica responsable de la deambulación?

5.6 EL CEREBRO POSTERIOR

5.6.1 EL AJUSTADOR DEL MOVIMIENTO VOLUNTARIO

El cerebelo es una de las estructuras más maravillosas en la función del SNC. Situado en la porción inferior encefálica, ocupa gran parte de la fosa craneal posterior, atrás del acueducto mesencefálico. Pesa en el humano adulto, aproximadamente 150 gramos y se une al encefalo por medio de los pedúnculos cerebelosos (el inferior o cuerpo restiforme, el medio y el superior).

Durante gran parte del siglo XX se creía que el cerebelo sólo participaba en tareas de procesamiento indirecto de los movimientos voluntarios de orden primitivo, procedentes de la corteza cerebral, así como en impulsos relacionados con el equilibrio, por medio el nervio vestibular (Eccles, Ito & Szentagothai, 1967). Estudios postreros, y sobre todo aquellos realizados durante la llamada década del cerebro, condujeron a nuevos y fascinantes hallazgos. Entonces se supo que puede recibir información de la vía visual, a través del fascículo tecto-cerebeloso; pero que, además, está implicado en tareas de aprendizaje y memoria y, por si esto fuera poco, también en el procesamiento de imágenes mentales (Ito, 2002, Zeki & Stutters, 2013, Seemungal, 2014).

> La sustancia gris cerebelar procesa actividades cognitivas de orden atentivo-visual.

La sustancia gris cerebelar es eminentemente cortical. Se caracteriza por sus típicas circunvoluciones transversales, divididas en dos grandes líneas que la atraviesan formando 3 lóbulos: anterior, posterior y --en medio-- el lóbulo flóculo-nodular.

La sustancia blanca del cerebelo es preferentemente nerviosa y tiene fibras intrínsecas, aferentes y eferentes. Su

La Compleja Maquinaria Funcionando

información a zonas corticales se procesa desde su interior a través de los núcleos más importantes de la coordinación motora voluntaria: 1) el fastigial, -junto al techo del cuarto ventrículo- en el vermis, 2) el núcleo interpósito llamado así porque sus dos partes (el núcleo globoso y el emboliforme) parecen interpuestas sobre el mencionado núcleo fastigial; y 3) el núcleo dentado, del que surge la información desde los hemisferios cerebelosos en su porción lateral y está conectado a regiones motoras y premotoras de la corteza, es decir, es el responsable cerebelar de la planificación de la cinética muscular voluntaria.

El cerebelo tiene diferentes capas neuronales, entre las que destacan la de células granulares de *Golgi*, con células de canasta y estrelladas; la intermedia, con células de *Purkinje*, y las fibras musgosas.

Las incontables fibras musgosas cerebelares son excitatorias y cada una de ellas estimula los millones de neuronas de Purkinje a través de la capa granular. Cada fibra trepadora ascendente tiene a su vez un sinnúmero de contactos sinápticos con las prolíficas y abundantes espinas dendríticas, correspondientes a tan sólo, una sola célula de *Purkinje*. Figurativamente: *Las posibilidades de comunicación interneuronal, tan sólo cerebelar, son casi infinitas*. Este puede ser el fundamento de las teorías que se acercan a la neurobiología computacional y a los sustratos teóricos –vectoriales y de matrices en los que descansan la robótica y la

> En la disminución del tono muscular (hipotonía) y el temblor intencional se ven reflejadas las alteraciones de la función cerebro-cerebelar.

Núcleos Cerebelares

inteligencia artificial (*Cfr.* Parte III, Redes Neuronales, "*Hacia una nueva Concepción del Procesamiento Neuronal*").

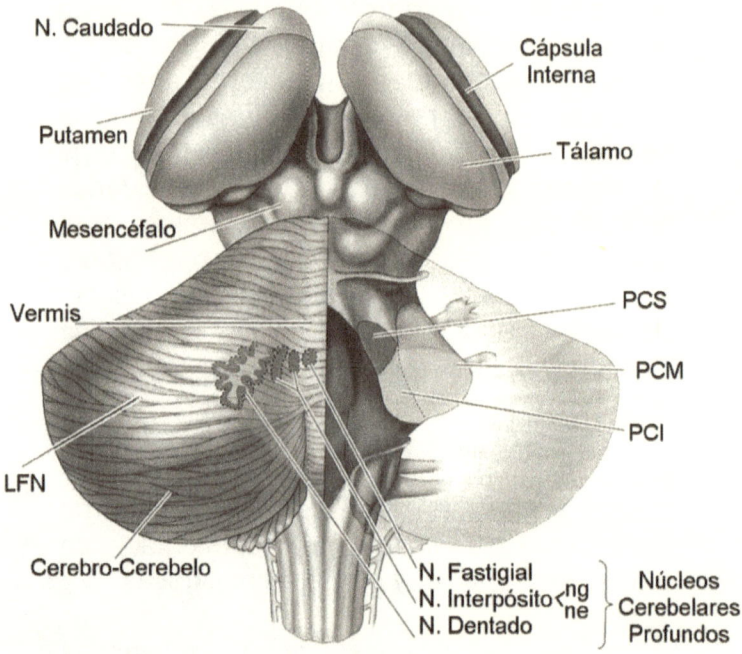

Fig 2.10 Anatomía Cerebelar. A) Dentro del vermis, se encuentran los núcleos cerebelares profundos. En su núcleo interpósito, se aprecian los núcleos globoso (ng) y emboliforme (ne), importantes en la vía espino-cerebelar. El Lóbulo Flóculo-Nodular (LFN) o arquicerebelo, está asociado a las vías vestíbulo-cerebelares. El neocerebelo o cerebro-cerebelo, es el responsable de la marcha y la bipedestación. (PCS) Pedúnculo Cerebeloso Superior, (PCM) Pedúnculo Cerebeloso Medio y (PCI) Pedúnculo Cerebeloso inferior. (Modificado de Purves et al, 2001).

El área más característica del espino-cerebelo es el *vermis*, o lóbulo medio; cuya morfología es importante, así como su función espino-cerebelar. Este *vermis* tiene algo de sustancia

La Compleja Maquinaria Funcionando

blanca y es rico en fibras que semejan un tronco con innumerables ramas, por lo que se dice que allí está localizado *el árbol de la vida*. En su porción rostro caudal, las fibras nerviosas provenientes del vermis se unen a la medula espinal.

Por gozar de este tipo de conexiones, funcionalmente se le conoce como: Espinocerebelo. Esta interesante estructura de apariencia ramificada tiene fibras acopladas a nódulos nerviosos internos, como el núcleo fastigial, a su vez, conectado con las vías descendentes mediales de la medula espinal, procesando información de carácter sensorial. Recordemos que a cada lado de éste, en forma lateral, está el núcleo interpósito, que por supuesto utiliza las vías laterales descendentes para cumplir su cometido funcional. Estos dos núcleos vermianos son los responsables del ajuste de primitivas ejecuciones motoras (Ver Fig. 2.10).

El vermis cerebelar tiene núcleos que resultan esenciales para los procesos de integración principalmente motores.

Debido a que tales funciones sensoriomotoras (del interpósito y del fastigial) son procesadas elementalmente por fibras espinales, este carácter espinocerebelar se encuentra fundado en lo que familiarmente se denomina paleocerebelo.

Así como mnemotécnicamente existe el mencionado paleocerebelo, asociado a vías espinales, la función vestíbulocerebelar está a cargo del Arquicerebelo, exactamente en lo que con anterioridad se describió como lóbulo flóculo-nodular.

Filogenética Cerebelar

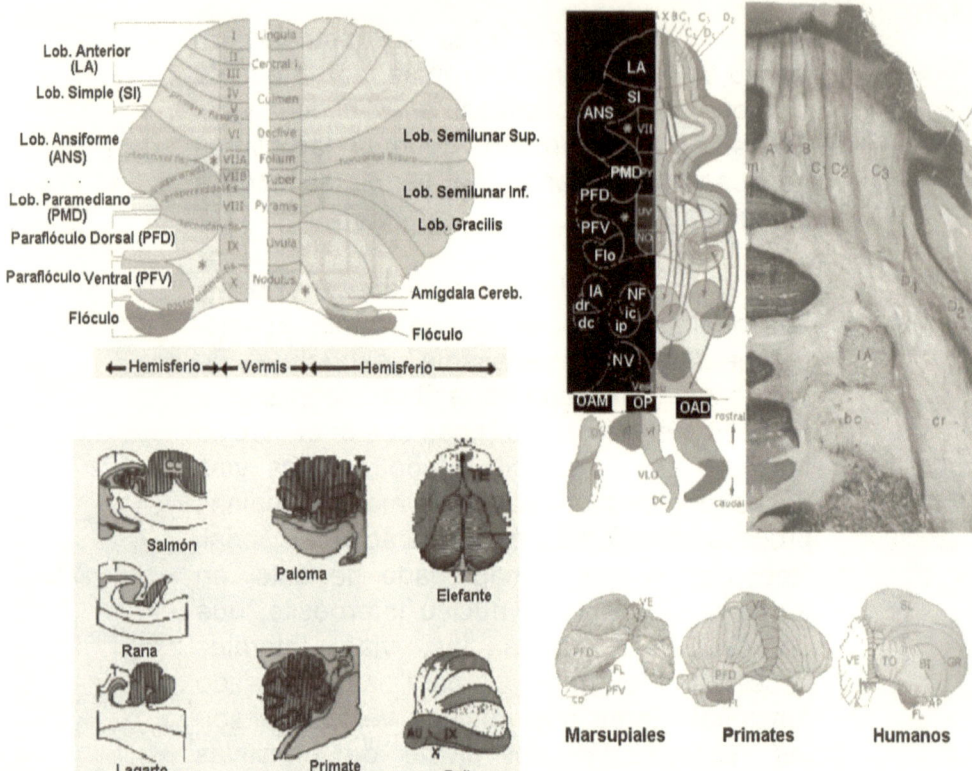

Disposición zonal longitudinal de las principales áreas cerebelares y sus lóbulos. En la porción inferior, la estructura cerebelar en diferentes vertebrados y sus zonas anatómicas más relevantes. (Modificado de Voogd & Glickstein, 1998).

En términos filogenéticos, es el primer componente en aparecer, de ahí su nombre. Su función es la de procesar información vestíbulo espinal procedente del bulbo raquídeo, donde radica la amplia base de sustentación del individuo y los movimientos oculares. Está claro que una alteración en la vía vestíbulo-cerebelar producirá nistagmo, o incapacidad de movimientos voluntarios para

La Compleja Maquinaria Funcionando

mantenerse en posición de pie y, por supuesto vértigo.

La función cerebro-cerebelar, como es de esperarse, se constituye en la conexión más evolucionada; por ello, los anatomistas clásicos lo denominaban Neocerebelo. Se localiza en la parte lateral y sus tareas de coordinación son un poco más complejas que las otras dos funciones vestibulares y espinales. Del complejo cerebro-cerebelo surge la concepción sofisticada de algunos movimientos finos, gracias a sus conexiones con estructuras nucleares pontinas, que se vinculan de forma integrativa con fascículos corticoespinales y corticobulbares. El Neocerebelo fundamenta el éxito en el envío de información precisa a la corteza, gracias al núcleo dentado; el más íntimamente relacionado con el tálamo. De ésta manera, es el responsable de continuar con las tareas que siguen a la bipedestación y al equilibrio, como la marcha.

> La "Abasia", o incapacidad para incorporarse, es un dato de afección en la función vestíbulo-cerebelar de un individuo.

Una de las características principales del síndrome cerebeloso-cerebral es la dismetría, que se evidencia bajo exploración neurológica elemental de la coordinación motora a determinados puntos del cuerpo, como tocarse el talón con la rodilla o la clásica dedo-nariz, etc.

Tanto la asinergia (ausencia de movimiento), como la disdiadococinesia, o incapacidad para realizar movimientos motores gruesos de las extremidades en forma alterna y rápida, recaen sobre disfunciones cerebro-cerebelares.

Cuando hay daño cerebro-cerebelar aparece la arritmocinesia, en la que el paciente pierde el sentido de la coordinación motora respetando determinado ritmo; además, puede aparecer un tipo de temblor "cerebeloso" que no se da en reposo, sino durante pruebas específicas de marcha, en las que el paciente tiembla mientras ejecuta la acción. Estos trastornos de dismetría y temblor generan obviamente grados de desarticulación en el lenguaje oral y escrito.

Una de las patologías cerebelares más comunes es el medulolastoma (muy común en neurocirugía pediátrica), ocasionando el clásico síndrome vermiano. Es descrita como una lesión en el lóbulo floculonodular hace que el paciente acuda a consulta por trastornos relacionados con el sistema vestibular (Küper et al, 2013). Por su condición de estructura impar, influye en las conexiones de la línea media. La incoordinación muscular afecta el sostén cefálico, e incluso impide mantener una posición erguida del tronco, pero no de los miembros de soporte, superiores e inferiores. Esto provoca una tendencia a caer hacia delante o hacia atrás, pero no de lado, como sería un caso de hemibalismo exacerbado, más asociado con una patología en la que el afectado resultaría ser el núcleo subtalámico de *Luys*.

> Las lesiones en el pedúnculo cerebeloso inferior, o por obstrucción de la PICA (arteria postero inferior cerebelosa), son las mismas que las del síndrome lateral del bulbo raquídeo (ataxia ipsilateral, nistagmus y vértigo).

La Compleja Maquinaria Funcionando

El síndrome cerebeloso parece conjuntar la mayoría de sus signos cuando hay alteraciones en los pedúnculos cerebelosos. Los pedúnculos reflejarán el grado de afección, dependiendo de su localización. Así, por ejemplo, un daño en su porción superior se traduciría con sintomatología cerebro-cerebelar e hipotonía, y si es más arriba --con límites mesencefálicos-- aparecerán signos vestibulares-acústicos y hemicorea. En el caso del pedúnculo cerebeloso inferior, mucho más frecuente que los anteriores debido a una buena incidencia de patología vascular relacionada con los aneurismas de la PICA (Arteria Cerebelosa Postero-Inferior), darán signología con alteración de nervios craneales e inestabilidad estática, con incoordinación motora unilateral, por afección del núcleo rojo mesencefálico, de forma similar al cuadro clínico descrito previamente como síndrome de *Benedikt (Vide Supra)*.

5.6.2 LA PROTUBERANCIA

Es la eminencia anterior del tallo cerebral.

En 1573 Constanzo Varolio le otorgaba su categoría pontina, y posteriormente los clásicos neuroanatomistas le conocieron como *Tegmentum Protuberancialis* o *Pons di* Varolio, dada su estratégica posición con los pedúnculos cerebelosos.

> Los núcleos pontinos, generan actividad neuro vegetativa y conciencial.

En sus aproximadamente 30 gramos de peso, se encuentran los núcleos que dan origen a los estados de alerta y conciencia del individuo.

El Puente de Varolio

Entre ellos destacan los responsables del surgimiento del sistema medial de nervios craneales V, VI, VII y VIII, los tremendamente fundamentales *Nucleus Reticularis Pontis Caudalis* (NRPC) y *Nucleus Reticularis Pontis Oralis* (NRPO), responsables de los estados de alerta, *locus coeruleus* y *subcoeruleus* generador del máximo porcentaje de neurotransmisores implicados en la atención y otras funciones de alto orden cerebral (Aston-Jones *et al*, 1996).

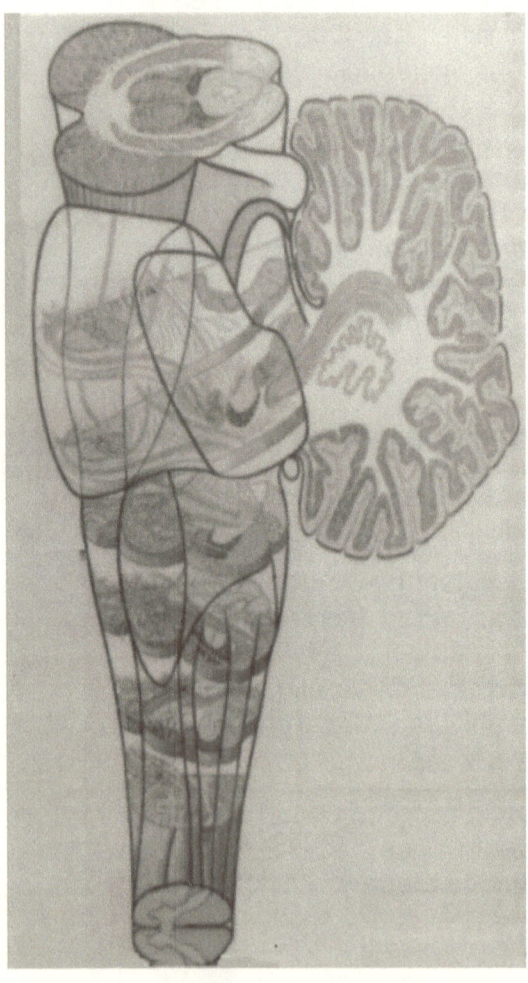

Fig 2.11 En espectacular dibujo, Theodore Meynert, alcanza a subdividir el cerebro posterior y lo ilustra en interesante forma tridimensional. Sobresalen las típicas formas que tiene el N. Globoso y el Emboliforme que constituyen el N. Interpósito y también el N. Fastigial paleocerebeloso. Igualmente destaca el arquicerebelo, dejando notar el complejo vestíbulo-cerebelar y por último la estructura en el centro de la ramificación vermiana, semeja el núcleo dentado. Los componentes a la altura protuberancial, ilustran los núcleos importantes para el alerta como el *núcleo reticular pontis oralis* y el *núcleo reticular pontis caudalis,* además de la oliva inferior y otros conjuntos neuronales considerados fundamentales para la estructuración de la conciencia (Meynert, 1874).

La Compleja Maquinaria Funcionando

Asimismo, en la protuberancia, hallamos el núcleo olivar superior, implicado en eventos de conciencia y relacionado con el collículo inferior y la vía auditiva y, finalmente, los núcleos salivatorio superior, que producen axones parasimpáticos del facial, conectados con las glándulas submaxilar y lingual.

En el puente de *Varolio* también se presenta una decusación fibrosa, a cargo del nervio acústico en su vía ascendente. El fascículo longitudinal medio sigue su camino hacia el nervio óptico, y el lemnisco medio no se detiene en el paso de información médulo cortical, utilizando la eminencia anterobulbar como relevo, cuyo ejemplo siguen algunas ramas del fascículo medulo-cerebeloso ventral.

Los núcleos de los 3 nervios oculomotores (III, IV y VI) están conectados al nervio craneal espinal (XI), por medio del valioso fascículo longitudinal medio, que atraviesa todo el tallo cerebral, desde el mesencéfalo hasta la médula cervical superior. Una exploración neurológica acuciosa de este complejo fascicular, totalmente mielinizado, ahorraría severas penas familiares debido a la gran cantidad de padecimientos que obligan a un diagnóstico diferencial, así como elevados presupuestos nacionales, dada la magnitud del problema relacionado con las enfermedades desmielinizantes en general, y muy concretamente en esclerosis múltiple y otros padecimientos como el síndrome hemibulbar,

> Una exploración clínica acuciosa de los pares craneales, puede detectar tumores en el cerebro posterior.

Núcleos Protuberanciales

donde pueden presentarse, además de compromisos espinales, datos de neuromielitis óptica acompañada de trastornos cerebelares y del tallo, como alteraciones en el reflejo optokinético o disartria, entre otros.

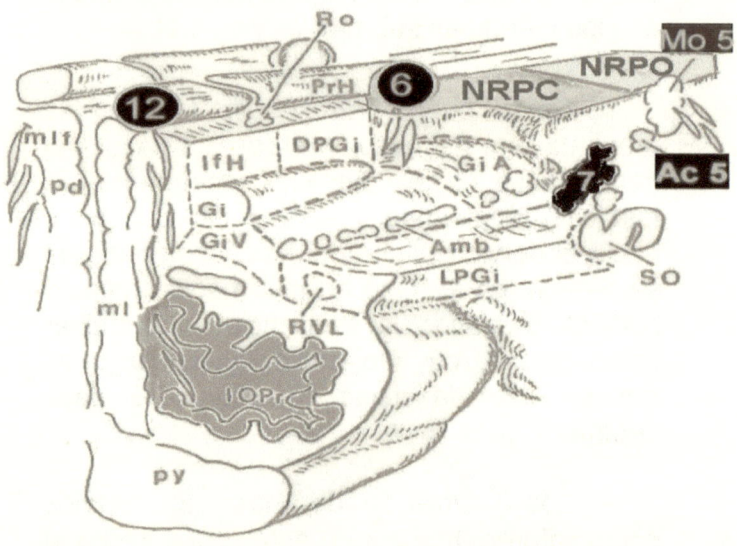

Fig. 2.12 Principales Núcleos Protuberanciales. En A, esquema tridimensional de las estructuras protuberanciales a nivel de al oliva media, ilustrando los núcleos que de las ramas accesorias (Ac 5) y motoras trigeminales (Mo 5), los nervios craneales *abducens* (6), Facial (7) e hipogloso en su porción rostral (12) Junto a esta área, se ubica el Núcleo prepósito del hipogloso (PRH), n. Hipogolos interfascicular (IfH) y el Núcleo de Roller (Ro). También se hallan el NRPC *(nucleus reticularis pontis caudalis) y* NRPO *(nucleus reticularis pontis oralis)* de gran valía conciencial. Además del núcleo ambiguo (Amb), se aprecian más estructuras como la dorsal paragigantocelular (DPGi), gigantocelular (Gi) su *pars ventralis (GiV)* y *pars alfa* (GiA) y el núcleo lateral paragigantocelular (LPGi). Nótese la presencia del Fascículo longitudinal medio (mlf), la rama predorsal (pd), el lemnisco medial (ml), el tracto piramidal (py), la oliva superior (SO) y el núcleo principal de la oliva inferior (IOPr). (Modificado de Paxinos, 1990).

La protuberancia recibe irrigación de la arteria basilar, procedente del tronco vertebro-basilar. De ella penden ocho arterias paramedianas que irrigan el tercio medial protuberancial, y seis arterias circunferenciales cortas que bañan sus bordes laterales, además de la AICA y la PICA, que también se conocen como arterias circunferenciales largas.

En patologías muy graves, la flacidez se caracteriza por la ausencia de respuestas motoras a los estímulos. Puede ser causada por denervación periférica o disfunción central de los dispositivos integrales generados por la formación reticular médulo-pontina (Cushing, 1902). La flacidez debida al choque espinal es la consecuencia temprana de un daño medular.

> Una ruptura de aneurisma vertebro-basilar ocasiona graves signos que conducen a la muerte.

La insuficiencia vertebro-basilar produce vértigo y síntomas cocleares, dados por oclusión del par craneal acústico; alteraciones de la sensibilidad vinculadas con el N. Facial y a la rama sensitiva trigeminal; diplopia por oclusión del motor ocular externo; parestesias hemicorporales por bajo riego sanguíneo en vías espino-talámicas; disminución del tono muscular por isquemia de los núcleos reticulares y ataxia por sufrimiento isquémico de los tractos piramidales e implicados con el riego de la arteria basilar en su porción protuberancial, que también incluye a los pedúnculos cerebelosos. Una oclusión completa de la arteria basilar por un aneurisma puede conducir al coma, con previa caída palpebral,

> Los datos de des mielinización en el puente de Varolio, son diagnóstico diferencial con otros trastornos neuro degenerativos.

sin reflejo corneal por compresión trigeminal y daño del movimiento oculocefálico, asociado con una lesión del fascículo longitudinal medio, condición que condena a los pacientes a una vida neurovegetativa en tanto no se detenga la función respiratoria, o bien un germen oportunista los socorra con una neumonía lobar.

Otros cuadros relacionados con daño protuberancial tienen en común el mismo cortejo sintomático, como es el caso del síndrome de *Millard-Gubler*, que se debe a una lesión de las pequeñas arterias circunferenciales antes descritas, produciendo además, daño hemipléjico contralateral; en el síndrome de *Foville*, hay estrabismo convergente, obsequiado por la disfunción del VI par craneal y parálisis contralateral en extremidades, todo ello aunado a un daño en la vía piramidal aún no decusada. La mielinosis pontina central es un diagnóstico diferencial con un raro síndrome de las comisuras de la sustancia blanca callosomarginales, llamado *Marchiafava-Bignami*, constituido por polineuropatías y enfermedad de *Wernicke* concomitante (Schmahmann et al, 2008; Hillbom et al, 2013). Por su carácter desmielinizante, es obligatorio un protocolo diagnóstico que lo deslinde de esclerosis múltiple con sintomatología ocular y síndrome de *Devic* o neuromielitis óptica, incluyendo niveles serológicos de Vitamina B-12 dada la probabilidad etiopatogénica de tener un componente metabólico.

5.6.3. BULBO

La *médula oblongata* pesa la centésima parte de toda el cerebro y la mitad de la protuberancia: o sea, 15 gramos y mide solo 3 cm aproximadamente. Su Importancia recae en el sinnúmero de núcleos que sostienen grandes funciones vitales (control apneústico de la respiración y control nervioso de la frecuencia cardiaca). Es el responsable de la emergencia nuclear de las fibras nerviosas de los pares craneales IX, X, XI y XII, en la sustancia gris central bulbar.

> Cuando hay alteraciones bulbares graves, una de las funciones que se altera severamente es la respiración.

En el bulbo, transitan las fibras nerviosas ascendentes y descendentes que unen a las medula espinal con las funciones de alto orden cortical y su trascendencia motora se fundamenta clínicamente en ser el principal relevo de la vía piramidal sustentada en el fascículo cortico-medular de carácter eferente a su paso por el bulbo y del fascículo cortico-espinal ventral anterior.

En el bulbo, se lleva a cabo la gran decusación sensorial, también llamada lemniscal, que sobreviene a la decusación de las pirámides o motora. Los lemniscos se forman a partir de las fibras arciformes que emergen de la superficie anterior de los núcleos *Gracillis* (delgado) y *Cuneatus* (cuneiforme), también llamados de *Goll* y de *Burdach*; y luego se desplazan hacia la línea media donde se entrecruzan con las fibras correspondientes del lado opuesto (Ver Fig. 2.14).

El Bulbo Raquídeo

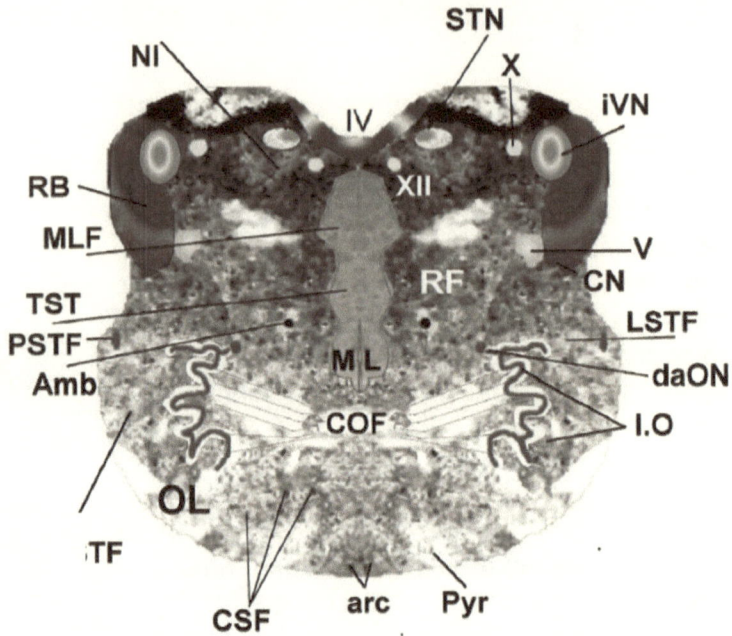

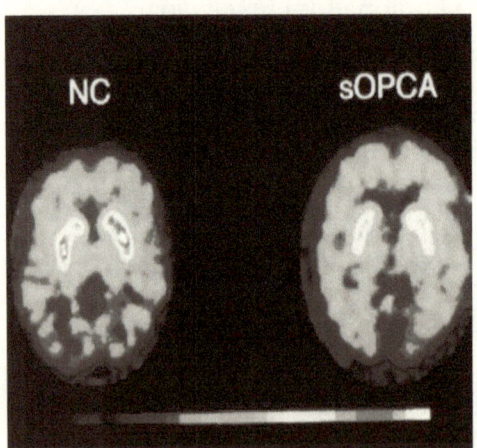

Fig. 2.13 Sección transversa de la *Medulla Oblongata* a nivel de la oliva inferior. *Amb*, Nucleus Ambiguus; *arc*, Nucleus Arcuatus; *ASTF*, Fascículo Espino-Talámico Anterior; *CN*, Nervio Coclear; *COF*, Fibras Olivo-Cerebeales; *CSF*, Fasc. Cerebroespinal; *daON*, Nucleo Olivar Accesorio; *IO*, Inferior Olive; *IV*, 4th ventricle; *iVN*, Núcleo Vestibular Inferior; *LSTF*, Fasc. Espinotalámico Lateral; *ML*, Lemnisco Medial; *MLF*, Fasc. Longitudinal Medio; *NI*, Nucleus *Intercalatus*; *OL*, Oliva; *PSTF*, Fasc. Espinotalámico Posterior; *Pyr*, Pirámides; *RB*, Cuerpo Restifome, *RF*, Formación Reticular; *STN*, Núcleo del Tracto Solitario; *TST*, Tracto Tectoespinal. *V, X, XII* son nervios craneales. (A partir de Gray, 2010; Snell, 2001). En fondo negro, Tomografía por Emisión de Positrones, que evidencia actividad Olivo-Ponto-Cerebelosa (sOPCA). (Tomado de Toga & Mazziota, 2000).

La Compleja Maquinaria Funcionando

El núcleo cuneiforme, que origina el fascículo cuneo-cerebeloso para encausar los impulsos propioceptivos de los tendones de miembros superiores y parte superior del tórax, tiene una relación fundamental con esta decusación adyacente al núcleo *gracillis*, muy importante para la vía de procesamiento que lleva las percepciones externas a la corteza cerebral y las convierte en respuesta motora (Ver en Parte II, *Dinámica neural e implicaciones para un mecanismo operacional*).

Otra relevante característica bulbar radica en que brinda albergue al relevo del fascículo longitudinal medio, conformado por fibras mielinizadas α motoras, que se relacionan con nervios craneales de origen protuberancial proveniente de vías reticulares eferentes y asociadas con el sistema extrapiramidal, al igual que de los núcleos reticulares superiores, vinculados con el parvocelular γ motor del asta anterior de la médula.

> El bulbo raquídeo es un punto de relevo neuro vegetativo y conciencial.

La eficacia bulbar no sólo se observa en funciones neurovegetativas y de reconocimiento sensoriomotor; también el núcleo *accumbens* envía información hacia la corteza prefrontal a través del hipocampo (O'Donell & Grace, 1995), con implicaciones de orden conductual como las que se observan en sistemas de recompensa descritos en las últimas secciones de esta obra y el libro X, Sex-Cualidad y Cerebro.

Muy cerca de las acumulaciones celulares que suscitan la elongación de los llamados pares craneales bajos se encuentra el núcleo ambiguo, que da origen a las fibras motoras de los núcleos mencionados, implicados en la deglución, fonoarticulación y movimiento de hombros.

> En el bulbo se encuentra la mayor parte de núcleos neuronales asociados con la conciencia.

El fascículo solitario, asociado a la vía gustativa glosofaríngea, se liga a los axones sensoriales del nervio facial y a ramas vagales propias de la actividad dorsal neumogástrica (Ver, Capítulo de *Ontogenia de los sentidos*). Igualmente, en neuroanatomía comparativa, el tracto solitario se implica en la función emocional al tener proyecciones de sus fibras hacia amígdala e hipotálamo (Ricardo y Koh, 1978). A diferencia de su homónimo protuberancial, el núcleo salivatorio inferior lleva sus ramas a las glándulas parótidas.

Recientes evidencias experimentales sobre la oliva inferior (Cfr. Caps. 10 y 17) sugieren que los fascículos olivo-cerebelosos, ligados funcionalmente a las tareas cerebelo-vestibulares del arquicerebelo, podrían participar en fenómenos de conciencia, así como en el procesamiento del aprendizaje motor.

Los núcleos del rafé y reticulares central, lateral, magno y parvocelulares, regulan la actividad vegetativa a través de múltiples fascículos reticulares aferentes con estructuras diencefálicas, y son los responsables finales que aparecen al término de la vida del individuo, pues al no existir más actividad cerebral, son los últimos en detenerse, ya que generan por vías simpáticas y vagales la regulación autonómica cardiaca y la función pnéustica respiratoria.

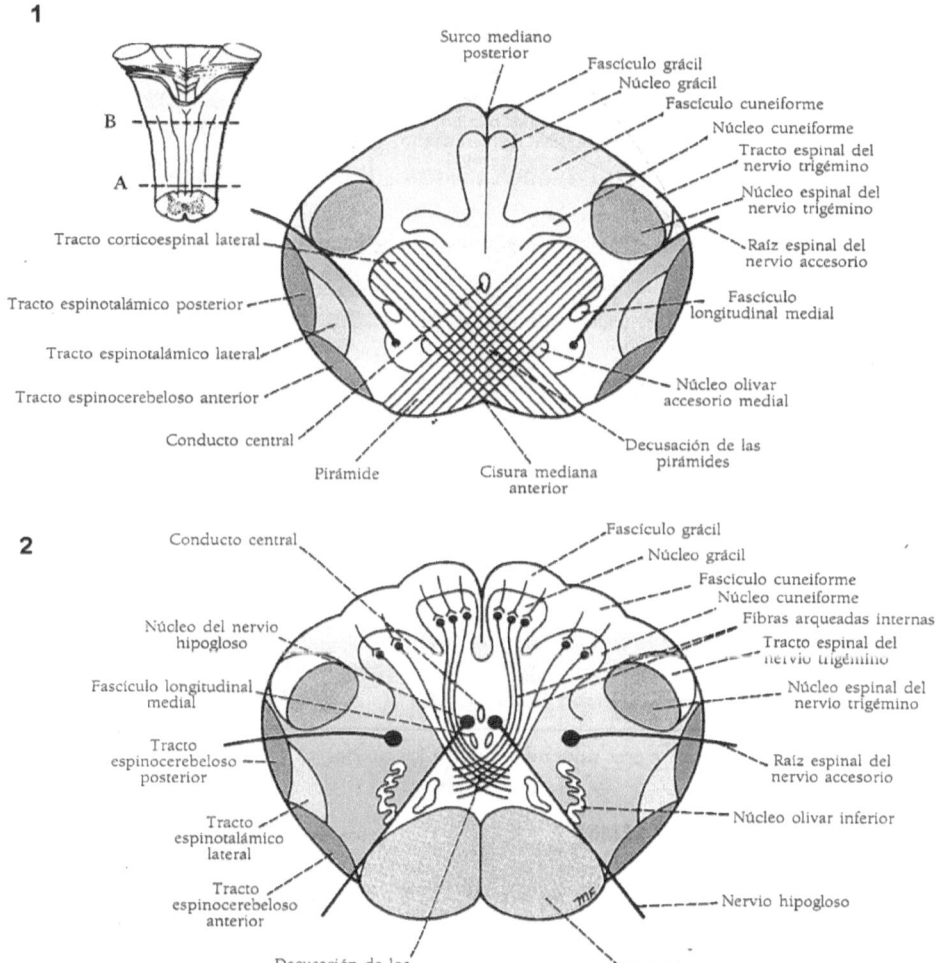

Fig. 2.14 Diagramas de decusación de las pirámides y lemniscal. En la parte superior izquierda de la gráfica, esquema de los cortes que indican el nivel de entrecruzamiento. 1, Decusación Piramidal. 2, Decusación Lemniscal. (Modificado de Snell, 2001).

Patología Bulbar

> ¿Cuál es el sustrato neuro anatómico para que se produzca la ptosis palpebral, en padecimientos que involucran daño en el tallo cerebral?

Los accidentes vasculares bulbares son muy comunes en neurocirugía. El flujo sanguíneo que bendice tan crucial componente neurovegetativo depende de las ramas del tronco vertebrobasilar: la arteria vertebral, las arterias espinales anterior y posterior, y la PICA, arteria postero-inferior cerebelosa. Esto es muy importante dada la elevada incidencia de aneurismas y malformaciones vasculares que se asocian con esta área. El aneurisma vertebro-basilar, o los preciados aneurismas de la PICA, son padecimientos graves que requieren tecnología de diagnóstico, que antes se realizaban por angiografía carotídea y ahora por resonancia magnética funcional. Al carecer de un enfoque diagnóstico de aguzado entrenamiento humano para detectar signos y síntomas, apoyados en neurofisiología correlativa básica, tal malformación vascular, en su defecto, causará hemorragias subaracnoideas y compromiso neuroquirúrgico letal e irreversible, teniendo en cuenta la hipoxia generalizada en el área bulbar.

La oclusión o isquemia de una de las arterias en cuestión producirá el síndrome bulbar lateral, o de *Wallenberg*, caracterizado por disfagia y disartria por afección a los músculos laríngeo y palatino ipsilateral (inervados por el núcleo ambiguo). Las disestesias en este padecimiento que bloquean dolor y temperatura en forma ipsilateral, son debidas a la preservación de las raíces propias del núcleo y fascículo espinal correspondientes al quinto par craneal o trigémino. Esta rica sintomatolgía, se acompaña de nistagmo consecuente por afección de los núcleos vestibulares, lo que significa un dato de mal pronóstico en el paciente, además de un conjunto de síndromes ipsilaterales, que hablan de la gravedad del cuadro. A este respecto, igualmente se pueden presentar con síndrome cerebeloso, síndrome de *Horner* (ptosis, miosis, hipohidrosis) o alteraciones termoalgésicas y termoestésicas, debidas a la alteración del lemnisco espinal del lado contralateral del daño isquémico, responsable del procesamiento nociceptivo.

El diagnóstico brillante que un neurocirujano aplicado puede adelantar a sus cofrades se resumiría en la mnemotecnia: *"Horner vertiginoso y gangoso, Wallenberg sospechoso"* (Betancourt, 1987). Y hasta no demostrar lo contrario, se apoyaría en un hipo (lesión de la rama neumogástrica de los núcleos reticulares), la disfonía secundaria a la parálisis del núcleo ambiguo de un paciente que se queja de cefalea, e hipotensión como sustento fisiológico de todo menester aterotrombótico, y que parece sólo tener problemas posturales traducidos en lateropulsión y en el cúmulo florido de datos que arrojará una cuidadosa y bien orientada exploración neurológica.

> El riego sanguíneo en áreas bulbares es crítico y cuando se ve afectado, ocasiona síndromes muy aparatosos que deben atenderse con suma urgencia.

Otras patologías que pueden ser revisadas en los textos recomendados al lector son el síndrome de *Avelis* y la enfermedad de *Jackson*, que son diagnósticos diferenciales obligados para la patología bulbar lateral, cuando se presenta igualmente ptosis palpebral. En el caso del síndrome isquémico bulbar medial, la clave está en la instalación abrupta del cuadro, la exploración de pruebas motoras de los nervios hipogloso y glosofaríngeo, pero sin afección facial sustentada por la preservación de la vía piramidal aún no decusada, y pruebas orientadas a cuantificar el daño vascular en el lemnisco medial, pudiendo ser evaluadas por trastornos en el procesamiento sensorial.

5.7 LA MÉDULA ESPINAL

> El procesamiento sensorial viaja al cerebro, a través de la medula y de fascículos espino-talámicos.

Como parte esencial del procesamiento sensorio-motor implicado en las respuestas conductuales motoras del individuo, la descripción de la médula cabe en estos renglones, obviamente no como partícipe directa de la generación del pensamiento, pero sí en su engranaje sistémico. De otra manera, las percepciones táctiles no podrían ser discriminadas y almacenadas en la memoria episódica, no existirían los reflejos a situaciones apremiantes, ni tampoco se señalarían las sensaciones nociceptivas que modifican sustancialmente el comportamiento (*Cfr.* Libro 5). Desde una óptica más práctica, un deportista necesita de sus músculos para sobrevivir. Así, la tensión muscular que realiza un jugador profesional de básquetbol en un lanzamiento requiere de concentración y de la efectiva coordinación de sus fuerzas para encestar; las posiciones del juego, y los eventos que se sucedan dentro del mismo, modifican los comandos motores centrales y las actitudes inteligentes que necesite el individuo para que se dé tan cotidiano pero complicado acontecimiento.

Cada sección de la médula tiene funciones distintas. Una lesión alta en el área cervical produce paraplejia y, más delimitadamente, en las primeras cuatro vértebras, provoca cuadriparesia, con componentes paralíticos de los músculos respiratorios incluyendo al diafragma. En los dermatomas torácicos, ésta se traducirá en alteraciones sensoriales de las extremidades superiores, con parálisis de miembros inferiores y de músculos abdominales, mientras que a nivel lumbar se asociarán cambios sensitivos, predominantemente en las extremidades inferiores. Normalmente, su extensión va desde la primera cervical hasta la segunda o tercera lumbar, terminando en un desarrollo fibroso sensorial llamado *cauda equina*. La médula espinal está conformada por sustancia gris, distribuida en forma de "H", y cada uno de sus extremos verticales se llaman astas, que pueden ser anteriores o posteriores.

A través de estos vértices viajan las fibras que conforman la vía piramidal cortico-espinal descendente, cuya decusación es bulbar y continúa por los cordones laterales de la médula, además de la vía directa piramidal que viaja por sus cordones anteriores. En contraste, las vías sensoriales utilizan las raíces de asta posterior para ascender a la corteza a través de las fascias laterales.

La corteza motora cerebral procesa información aferente, vía-tálamo, dependiendo del acoplamiento de tres sistemas: retículo-espinal, vestíbulo-espinal y rubro espinal.

Los Haces Nerviosos Medulares

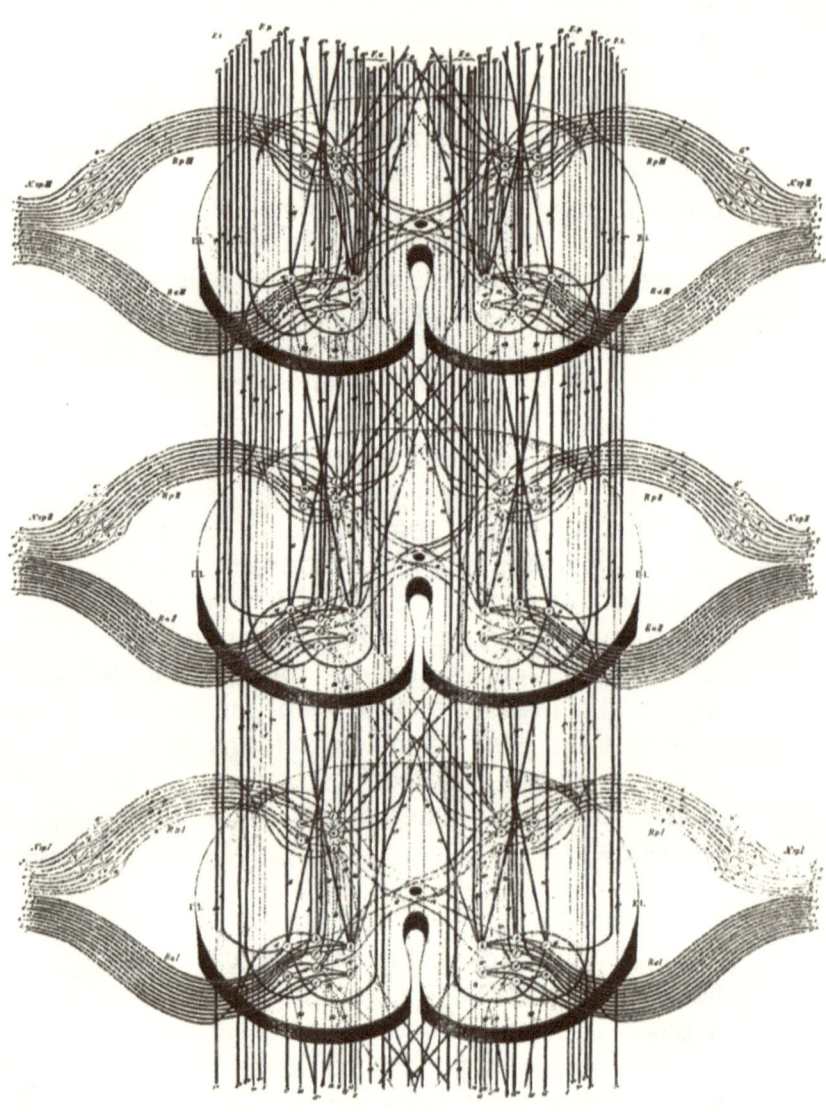

Fig. 2.15 Genial dibujo de Benedikt Stilling, ilustrando por secciones, diversos tractos individuales y espacios interfibrosos que en la médula existen. El original mide 55.5 x 39 cm y es quizá, el primer antecedene icónico que muestra en gran detalle la tractografía multiplanar espinal. A partir de Stilling, 1856-1859.

La Compleja Maquinaria Funcionando

Entre la corteza cerebral y las neuronas sensoriales encargadas de procesar la información somato-sensorial existe la vía lemniscal, que tiene tres relevos:

El primero está a la altura de las células ganglionares de la raíz dorsal (GRD), encargadas de procesar impulsos propioceptivos y enviar el resultado hacia los núcleos *Gracillis* y *Cuneatus*, localizados en el bulbo raquídeo. La importancia de estos núcleos es que allí se localiza el crucial evento anatómico denominado decusación de las pirámides, consistente en el intercambio de fibras de manera contralateral, y que funcionalmente es responsable de que las órdenes dirigidas hacia un grado superior en un hemisferio se manifiesten mediante movimientos en forma contralateral. Esto es: si somos zurdos, el hemisferio dominante será el derecho.

> El reflejo plantar con hiperextensión falángica en abanico, o *Babinsky*, solamente es normal en el recién nacido.

El segundo relevo se asocia con las fibras que llegan al bulbo, en esencia a estos núcleos, y se ramifican en fibras cruzadas arciformes internas para dar formación al lemnisco medio, que termina en el núcleo ventrolateral posterior del tálamo, procesando funciones eminentemente propioceptivas (*Cfr*. Caps. 6 y 10).

Un tercer relevo es dado por la emergencia de la información, que es conducida por los axones hacia regiones corticales, en términos particulares, a la corteza somato-sensorial primaria. La resección neuroquirúrgica de esta área conllevaría a presentar trastornos en la capacidad propioceptiva y discriminativa de las señales táctiles de alta especialización. En términos de redes neurales, el sistema somato-sensorial está organizado en serie, e incluye diversos componentes que operan en paralelo.

En la esclerosis lateral amiotrófica y en ciertos tipos de compresión medular existe simultáneamente el síndrome de neurona motora superior (SNMS) e inferior (SNMI). Didácticamente, el flácido SNMI tiene cuatro letras «A», Atonía, Arreflexia, Atrofia y Afasciculación. En contraste, el espástico SNMS, presenta hipertonía e hiperreflexia.

Al ser esta una obra que describe la compleja maquinaria del sistema nervioso orientada a la generación del pensamiento, se hace énfasis en los siguientes módulos de enseñanza (Ver en contenido general: *Summa Neurobiológica*). En los próximos libros se describirá anatómica y molecularmente a la neurona (Libros 3, y 6 a 8), luego la funcionalidad anatomo-cortical en detalle (Libro 4) y un texto especial sobre procesamiento sensorial espino-cortical (Libro 5) más los capítulos de redes neuronales y aplicaciones de alto orden, que implican procesamiento talámico, y mecanismos de memoria y aprendizaje, en los que retomaremos al sistema límbico y a las estructuras subcorticales, para finalizar en la quinta parte, con la generación de eventos concienciales que integran todas las estructuras cerebrales.

> La anatomía y fisiología correlativa de las interacciones corticales son básicas para entender las funciones de alto orden conciencial.

La Compleja Maquinaria Funcionando

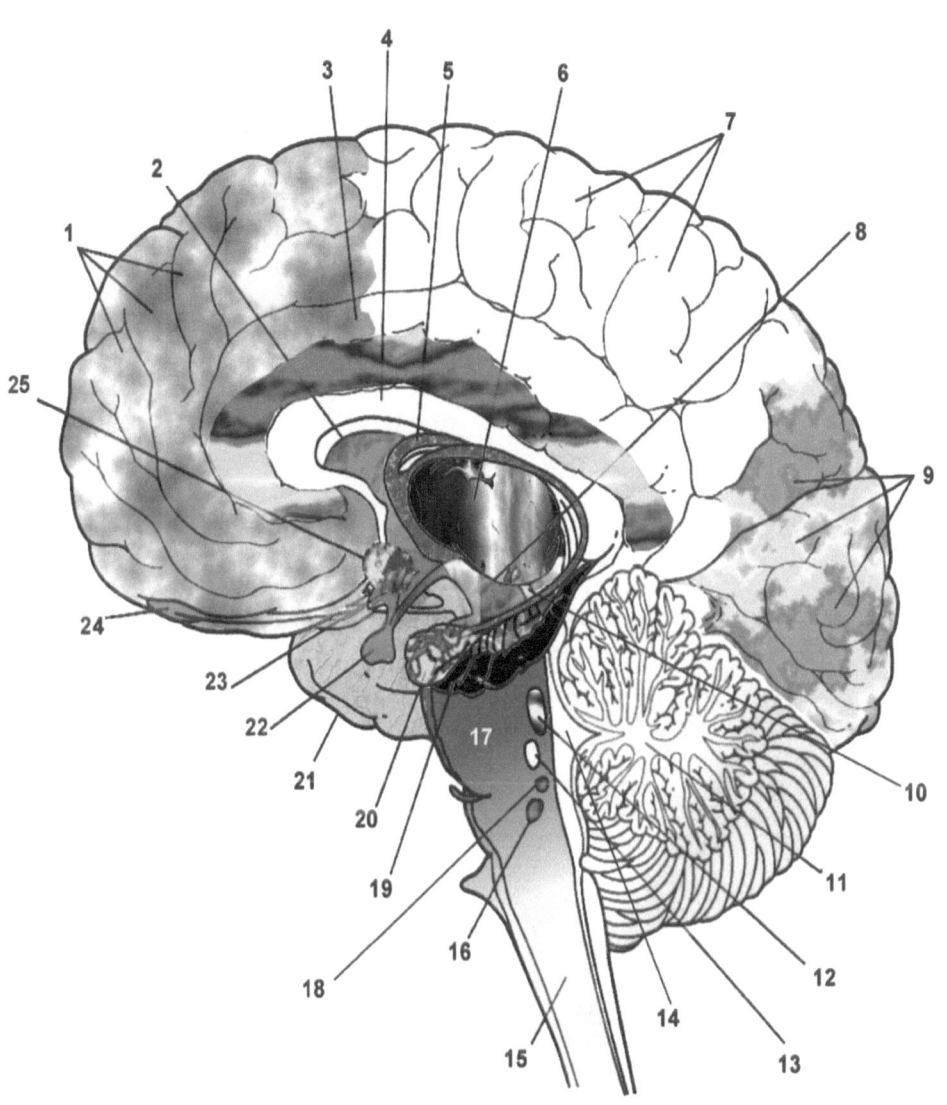

Fig. 2.16. A) Ejercicios Didácticos. ¿Puede usted, identificar las conexiones neuroanatómicas y función de cada una de estas estructuras?

Experimento Didáctico

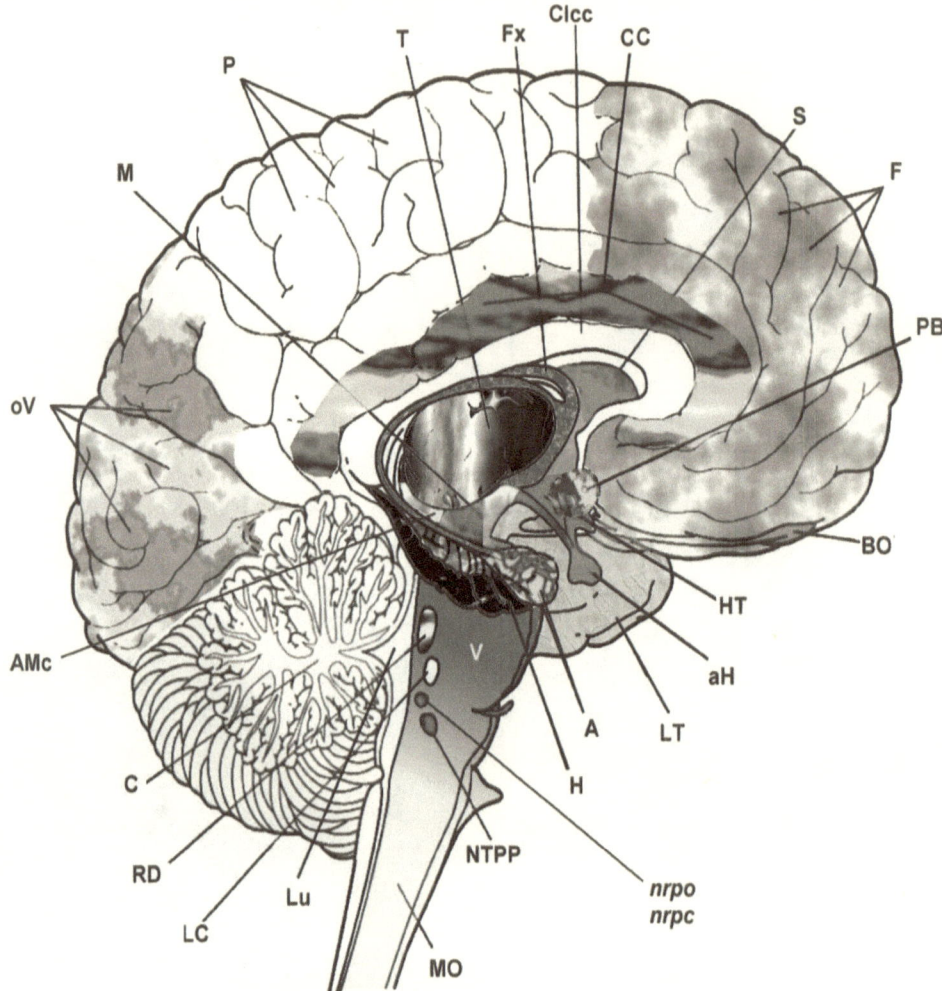

Fig. 2.16 B) Identificación. A, Núcleo Amigdalino. **aH**, Hipófisis. **AMc**, Acueducto Mesencéfalico. **BO**. Bulbo Olfatorio. **C**, Cerebelo. **CC**, Corteza Cingulada, incluye CCA y CCP. **CIcc**, Comisura Interhemisférica o cuerpo calloso. **F**, Cortex Frontal. No se marcan para fines didácticos CPFDL, CPFDM, CPFVM, COF, CPM. **Fx**, Fornix. **H**. Hipocampo. **HT**, Hipotálamo. **LC**. *Locus Cœruleus*, Producción de NA. **LT**, Lóbulo Temporal. **Lu**, Agujero de Luschcka, puente entre el III y IV ventrículo. **M**, Mesencéfalo. **MO**, Médula Oblongata. **NTPP**, Núcleo Tegmental Pedúnculo Pontino, Producción de Ach. ***nrpc***, *nucleus reticularis pontis caudalis*. ***nrpo***, *nucleus reticularis pontis oralis*. **oV**, Occipital, donde se encuentra la corteza visual. **P**, Lóbulo Parietal. **PB**, Prosencéfalo Basal. **RD**. Rafé Dorsal, producción de Serotonina. **S**, Septum. **T**, Tálamo, ver núcleos en Fig. 10.2. **V**, Puente de Varolio.

MÓDULO 6

NEUROGENESIS

La embriogénesis de las tres vesículas encefálicas primarias está lista a partir de la cuarta semana de vida fetal. Dentro del sistema nervioso se distingue un neuroeje, conformado en presentación rostro caudal por el prosencéfalo en la parte anterior del tubo neural, y en su fracción posterior el rombencéfalo, que dará lugar a la médula espinal (mieléncefalo) y al meténcefalo. Entre esta bipolaridad se encuentra el mesencéfalo, o cerebro medio (Figdor & Stern, 1993).

> La génesis del sistema nervioso, empieza en edades embrionarias muy tempranas.

Después del cierre del tubo neural en su sección anterior, se forma el prosencéfalo primario (constituido por la división del diencéfalo y teléncefalo a la quinta semana). Como ya se describió al inicio de éste capítulo, el diencéfalo contiene la mayoría de las estructuras asociadas con el tálamo, así como aquellas que dependen de eventos neurovegetativos y emocionales hipotalámicos; mientras que el teléncefalo representa la formación de procesos que se relacionan con las vesículas cerebrales, o hemisferios primitivos, responsables del procesamiento cognitivo-afectivo que recaen en el sistema límbico y el subcortex.

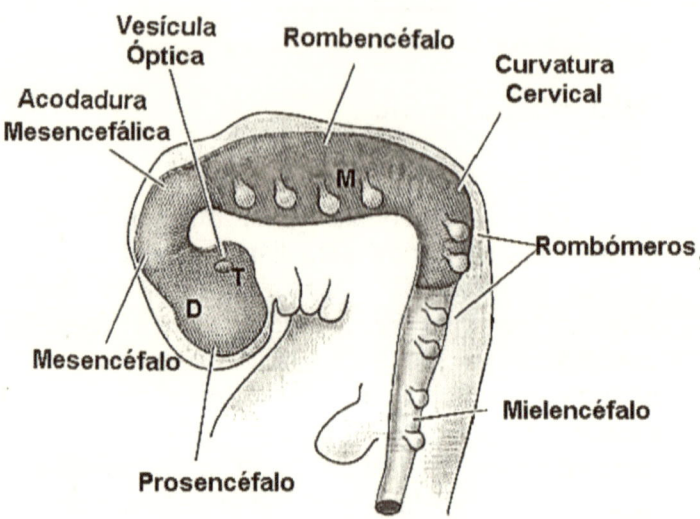

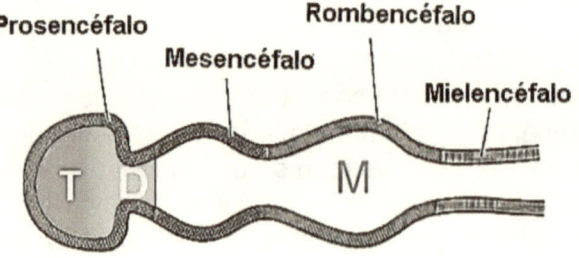

Fig 2.17. Primordios neuroembrionarios de las estructuras cerebrales. Hacia la cuarta semana de vida embrionaria ya hay áreas nerviosas específicas. Los polos neurales son dos, el Prosencéfalo y el Rombencéfalo. En medio, se encuentra el Mesencéfalo. El Prosencéfalo se divide en Telencéfalo (T) y Diencéfalo (D). El Rombencéfalo se subdivide en Meténcefalo (M), que da origen al cerebro posterior (bulbo y protuberancia) y en Mielencefalo, generando la médula espinal (Ver texto). A Partir de Moore (1975) y O'Rahilly R & Muller F (1999)

La Compleja Maquinaria Funcionando

La presencia de genes en esta área del tipo Dlx-I y II, WNt-3 y GBx 2, se vincula con la acodadura mesencefálica, dando lugar --en la madurez tisular-- a los espacios de la cisterna magna ventricular, el acueducto y el núcleo rojo mesencefálico, además de la formación reticular que se une finalmente a la porción más superior y anterior del rombéncefalo (Bulfone *et al*, 1993 ; Ekstrom *et al*, 2001).

A diferencia del metencéfalo, respecto al tubo neural, en su porción posterior o rombencéfalo (que dará lugar a lo que conocemos como cerebelo, bulbo y puente de *Varolio*) aparecen los rombómeros, que son 11 subdivisiones protuberantes transversales que forman surcos segmentarios para una mejor interacción celular entre cada uno de estos segmentos (Lumsden & Keynes, 1989).

Las células que existen en los rombómeros expresan de manera alternada la conjunción de los genes *Hox*, que están presentes durante la neurogénesis de los nervios craneales de predominio motor. La mutación de la activación ectópica de los genes *Hox* en murinos altera la posición determinada de los nervios craneales, como un reflejo preponderante del importante papel que desempeñan en la segmentación de los rombómeros (Wilkinson & Krumlauf, 1990; Ohnuma & Harris 2003).

Siguiendo los lineamientos del clásico postulado del *"organizador"*, enunciado por Spemann, el sistema nervioso en su conjunto — y desde el punto de vista embrionario—

> A partir de la quinta semana, las vesículas cerebrales anteriores que darán paso a la corteza prefrontal y al diencéfalo, empiezan a ser evidentes.

Diferenciación Celular

> La diferenciación celular especializada del sistema nervioso, comienza con procesos complejos como la inducción y la gastrulación.

deviene de un proceso subsecuente a la blástula primitiva, llamado gastrulación, que consiste en una invaginación que determina la formación de láminas celulares hasta formar 3 capas germinales. A partir de la capa primitiva más externa, o ectodermo, constituida por tejido epitelial columnar y descrita como la placa neural, aparecen los primeros vestigios de lo que se constituirá posteriormente en fibras nerviosas. El pliegue de la mencionada placa neural forma el tubo neuronal que recibió originalmente señales inducidas desde el mesodermo (la capa intermedia entre ectodermo y endodermo. Spemann & Mangold, 1923). Cuando en el mesodermo aparecen los *somitos*, o bloques del mieléncefalo, los axones de la motoneurona primitiva entran en contacto con cada una de éstas placas, dando origen a la actividad de asociación de los nervios raquídeos que surgen de la médula espinal.

La diferenciación de la placa neural en el ectodermo se hizo por primera vez en los años veinte, a cargo de uno de los embriólogos más notables de la historia del pasado siglo: Hans Spemann, quien junto con Hilde Mangold, transplantó células embrionarias mesodérmicas a un área ventral que primitivamente da origen a células de la piel, obteniendo como resultado la diferenciación de tejidos en la capa intermedia.

Thus, the material first invaginated lies farthest towards the front underneath the subsequent brain, while material invaginating later underlies the future spinal cord. Now it could be that the substratum of the head also determines the

La Compleja Maquinaria Funcionando

brain character of the anterior end of the neural plate ("head-organizer") and the substratum of the trunk area determines the character of the spinal cord ("trunk-organizer")... As we have seen, inducing tissues retain their induction capacity for a long time, and far beyond the stage of development required in the normal course. That being so, in a normal-embryo neural substance would have to be induced afresh in the epidermis which lies over the neural tube or the somites, unless that tissue had already exceeded its ephemeral period of reaction capacity (Spemann, 1935).

Con esta evidencia, los investigadores concluyeron que el sistema nervioso podría ser inducido por un área especializada, conformada por células que tienen cualidades organizativas; presunciones aún reconocidas por connotados neuroembriólogos (Gilbert, 1991) y premios Nobel que han fusionado los principios de la gastrulación con la tecnología genética transmilenial (Dawes-Hoang, Zallen & Wieschaus, 2003).

Como consecuencia de la gastrulación, los axones de las células nerviosas sensoriales y motoras forman raíces dorsales y ventrales, mientras que los ganglios de raíz dorsal y los correspondientes al sistema nervioso simpático se organizan a nivel segmentario, y la migración de las células de la cresta neural —desde el límite más dorsal del tubo neural— las convierte en notocorda o somitos. Este elemento envía señales inductivas a la capa ectodérmica, o neuroectodermo, en su línea media, o placa neural, como parte de un proceso llamado neurulación.

La gastrulación es una fase temprana embrionaria previa a la formación de somitas y la neurulación

6.1 BASES MOLECULARES DE LA INDUCCIÓN

La consecuencia esencial de la gastrulación y la neurulación para el desarrollo del sistema nervioso es el surgimiento de células jóvenes, con carácter de células primitivas o neuroblastos, desde la estructura neuroectodérmica. Esta inducción celular obedece a acontecimientos internos mediados por señales endógenas, moléculas de segundos mensajeros, e incluso péptidos morfógenos como el SHH. De igual forma participan proteínas inductoras como la folistatina, que es producida por la notocorda, y tiene gran afinidad por la activina, una proteina asociada a factores de crecimiento transformante (TGF) que libera una molécula llamada *dorsalina*, importante para el establecimiento de las células dorsales en la médula espinal; finalmente, influyen también los factores de crecimiento fibroblástico (ver tabla 3.1). Se sabe que la presencia del ácido retinoico, un derivado de la vitamina "A" perteneciente a la superfamilia de esteroides tiroideos (Evans RM, 1988), tiene influencia genética que puede producir teratogenicidad durante el desarrollo. (Lammer *et al*, 1985, Zhu *et al*, 1999).

Otras proteínas, como la morfogénica ósea (BMP), estimulan la diferenciación neural al igual que TGF-β, y se implican con proteínas denominadas noginas y cordinas, encargadas del rescate ectodérmico de la epidermis –a nivel mesodérmico--, evento que sucede tras la fijación de proteínas BMP con

> Los neuroblastos reciben información morfógena a partir inductores proteicos, que promueven la neuro génesis.

cordinas. (Gratsch & O'Shea, 2002). Los efectos y defectos del cierre del tubo neural ocasionan graves patologías desde la anencefalia y otras malformaciones que se acompañan de severo retardo mental, hasta los mielomeningoceles, muy comunes en la praxis de la neurocirugía pediátrica. Además, una deficiencia de sustancias como el ácido fólico en la dieta pueden alterar la formación del tubo neural, comprometiendo, desde el punto de vista metabólico, actividades celulares fundamentales como la misma división celular.

6.2 MIGRACIÓN

En la cresta neural, las células constitutivas que surgen de la región dorsal del tubo neural son de carácter migratorio. Su transición hacia distintas locaciones del sistema nervioso periférico las convierte en diversas estirpes, como las del entérico, las células de *Schwann*, especializadas en el procesamiento autónomo y sensorial propio de la médula espinal, o las cromafines, propias del sistema simpato-adrenal, que son descendientes de controladores primitivos catecolaminérgicos, o bien en células de otros tejidos, como las mesenquimatosas de la piel (Anderson, 1989, Le Douarin & Dupin, 2012).

> La transición celular inducida por poderosos genes morfógenos, inicia desde la cresta neural

Las células progenitoras adrenales, que se convierten en cromafines, dependen de una acción hormonal, y su diferenciación se activa a partir de la migración hacia el interior del tejido adrenal, donde se encuentra un alta concentración de glucocoritocoides sintetizados en la corteza glandular suprarrenal, mismos que movilizan a receptores nucleares que funcionan como factores de transcripción, ya que existen señales intracelulares concretas que determinan los procedimientos del desarrollo (Wessely & De Robertis, 2002).

Su destino ontogénico depende de las señales externas que determinan la migración, y de las alternativas propias del desarrollo neuronal, que son inversamente proporcionales al tiempo; por ello, a medida que crecen, sus opciones de migración se van restringiendo a causa de los cambios biológicos que caracterizan la fisiología celular (Ekstrom et al, 2001).

Los precursores neurales, neuronas primitivas o células jóvenes, migran exactamente desde el lugar donde da inicio su diferenciación y, en el caso de las neuronas centrales, comienzan desde las zonas ventriculares neuroepiteliales (Rakic, 2004, 2007). Las tendencias migratorias, tanto radial como tangencial, son los elementos básicos para que el desarrollo neuronal evolucione en forma idónea (*Cfr.* Fig. 2.18).

El caso de los axones, que estando fuera del tubo neural migran del epitelio olfatorio para conformar las estructuras del hipotálamo y de la hipófisis anterior en los sitios neurales —donde se secreta el factor liberador de hormona luteinizante o LHRH (Schwanzel-Fukuda & Pfaff, 1990)— y, por otro lado, el tipo de migración ventromedial de las células cercanas al cuarto ventrículo que

> Migración radial y migración tangencial son los mecanismos por los que las neuronas se acomodan durante el desarrollo para conformar la arquitectura final del sistema nervioso central.

forman núcleos tegmentales pontinos, son ejemplos de la preocupación científica por entender los medulares acontecimientos de la migración en el desarrollo.

El modo tangencial se refiere a la función migratoria que las neuronas utilizan para desplazarse en forma paralela al plano de la pared ventricular, o de manera perpendicular a la glía radial (Rakic, 2007). Las faenas vinculadas con la migración tangencial dependen de axones "más experimentados" de las mismas células recién salidas de la zona ventricular, que guían a otras más jóvenes hacia su estabilización ideal (*Cfr*. Libro 6).

Los antígenos relacionados con proteínas de pH ácido y ricas en cisteína, denominadas SPARC, elementos importantes similares a las células de adhesión molecular presentes en la glía radial, regulan la fase terminal de la migración en la corteza cerebral (Gongidi *et al*, 2004).

> De la placa Alar dorsal, emergen los primordios embrionarios que diferencian sustancia gris y sustancia blanca.

6.3 CONSOLIDACIÓN NEUROEMBRIOGÉNICA

La proliferación y diferenciación celular neuroepitelial de la médula espinal en desarrollo producen gruesas paredes laterales, que originan un surco limitante que separa la placa alar dorsal de la placa basal. La placa alar es aferente, da origen a las raíces dorsales, y al crecer forma el tabique posterior, donde se alojan las cuerdas de materia gris dorsal en columnas que se disponen por toda la médula y que evolucionan para convertirse en los fascículos longitudinales. La placa basal, de carácter eferente espinal, se convierte en tabique medio anterior, donde se alojan los primordios de las raíces ventrales de los nervios raquídeos, encargadas del procesamiento sensorial proveniente de las extremidades y que se conectan con los ganglios espinales de raíz dorsal (DRG, por sus siglas en ingles *Dorsal Root Ganglion*), derivados de las células de la cresta neural (Anderson, 1989, Le Douarin & Dupin, 2012).

La información que viaja a través de los fascículos ascendentes requiere de un relevo mielencefálico embrionario, que se produce a la altura del bulbo en las zonas aisladas de materia gris de *Goll* y de *Burdach*, integrantes de las fibras corticoespinales denominadas pirámides, en las antes descritas decusaciones bulbares.

Las neuronas primitivas de las placas basales de la porción abierta del bulbo en desarrollo (rostral del mielencéfalo), al igual que las de la médula espinal, se convierten en núcleos que dan origen a los nervios craneales. Al tiempo que los primordios neurales, o neuroblastos de las placas alares, migran para formar el complejo olivar bulbar, establecen conexiones con estructuras del meténcefalo embrionario, a través de las vías vestibulares del nervio acústico, formando el fascículo vestíbulo-cerebeloso y proyectándose a la protuberancia.

> Las células en desarrollo de las placas basales dan origen a los nervios craneales. Los neuroblastos de las placas alares ayudan a formar el complejo olivar-bulbar cuyas funciones son críticas para la conciencia.

La Compleja Maquinaria Funcionando

TABLA 2.1 Eventos marcadores en la neurogenesis humana.* La prolongación postnatal de algunas neuronas del sistema límbico, pertenece a la celularidad del giro dentado en el hipocampo (*Cfr.* Tabla 2.4), que en primates alcanza su madurez muy tardíamente. Los núcleos del tallo generadores de neurotransmisores (*Rafé y L. Ceruleus*) y el complejo olivar inferior implicado en ejecuciones concienciales, alcanzan su madurez justo al finalizar el período embrionario. La médula inicia su actividad primero en la raíz de asta anterior y las neuronas granulares de cerebelo (*Cfr.* Tabla 2.2) y las de corteza, son las últimas en alcanzar madurez (A partir de Rakic P, 2002).

	9 s	18 s	27 s	36 s	38-42	18 meses
Asta Anterior Médula						
Asta Posterior Médula						
Oliva Inferior						
Oliva Superior						
Locus Ceruleus						
N. del Rafé						
Sust. Gris. Pontina						
Cerebelo						
Mesencéfalo						
Tálamo						
Ganglios Basales						
Sist. Límbico						
Corteza						

* Aunque en todas estas tablas - mostradas a continuación -, originalmente Pasko Rakic realiza sus observaciones en los estadíos 1-160 del primate no humano, se ha extrapolado estas evidencias al período de gestación del modelo humano (40 semanas), fundamentados en las muchas similitudes de la codificación genética de ambas especies en la escala evolutiva.

El cerebelo metencefálico se desarrolla a partir de los engrosamientos de las placas alares en su porción dorsal, dando origen al cuarto ventrículo y de paso a la circulación de LCR a través de los plexos coroideos en el techo ependimario ventricular, los senos venosos durales y las vellosidades aracnoideas. Es en esta fase cuando algunas células primitivas migran de las placas alares para formar la corteza cerebelosa y el núcleo dentado, además de núcleos pontinos cocleares, y núcleos de la rama sensitiva trigeminal. Las divisiones filogenéticas del cerebelo partiendo desde el orden más primitivo son el arquicerebelo, el paleocerebelo y el neocerebelo

	9 s	18 s	27 s	36 s	38-42	18 meses
Purkinje	■				‖	
Golgi	■				‖	
Interneuronas		■	■	■	‖	
Cel. Granulares		■	■	■	‖ ■	
N. Dentado	■	■			‖	
N. Interposito	■	■			‖	
N. Fastigial	■				‖	

TABLA 2.2 Génesis de las Interneuronas, las Células Granulares y de Purkinje. La formación de núcleos interpósito, fastigial y dentado, es más primitiva que los procesos de maduración de las interneuronas cerebelares, que finalizan mucho después de las 40 semanas de gestación (40s). (A partir de Rakic, 2002)

Durante el período embrionario de la gestación humana, los criterios de los estadíos de *Carnegie* (CS) son utilizados para cuantificar temporalmente sus etapas evolutivas. Después de que la porción caudal del tubo neural se cierra (CS 11), inicia la formación telencefálica (CS 12); es decir, a los 31 días, cuando "todo" el embrión, no supera los 4 mm (O' Rahilly & Muller, 1999).

La Compleja Maquinaria Funcionando

Una evolución que marca la diferencia y justifica la cronicidad migratoria de las primeras neuronas, sucede dramáticamente entre CS 12 y CS 21 (Ver Figura 2.18). El cerebelo empieza a formarse a los 32 días (CS 13), al día siguiente los futuros hemisferios cerebrales ya pueden identificarse (CS 14), la aparición en el día 35 de los ventrículos laterales marca el CS 15. Antes del día 40, (CS 16) se ha evaginado la neurohipofisis dando paso a actividad neurohormonal.

Las células Cajal-Retzius consideradas anteriormente como los primordios neuronales más tempranos, aparecen aún más tarde, entre los 42 y 51 días (CS 18-21), cuando se establecen los primordios de la placa cortical (Bystron et al, 2006, Rakic, 2007).

El mesencéfalo parece estar estructurado y casi no tiene modificaciones, a diferencia de las demás partes del neuroeje en desarrollo. El conducto neural se estrecha y forma el acueducto mesencefálico, que recorre los agujeros de *Luschka* y de *Magendie* entre el III y IV ventrículos; los neuroblastos alares forman los collículos superior e inferior y los neuroblastos de las placas basales forman el núcleo rojo, los núcleos motores oculares y dan paso a la formación reticular. El *locus níger*, la banda más amplia de sustancia gris en la zona, proviene de la diferenciación de la placa basal. Asimismo, se estructuran los fascículos tegmentales, que viajan al diencéfalo a través

> La consolidación mesencefálica es un momento embrionario clave, para generar signos tempranos en estados básicos de conciencia *in utero*.

de axones comunicados por la formación reticular, o bien con el hipotálamo y ganglios basales en el telencéfalo embrionario, lo que más tarde se convertirá en los hemisferios cerebrales.

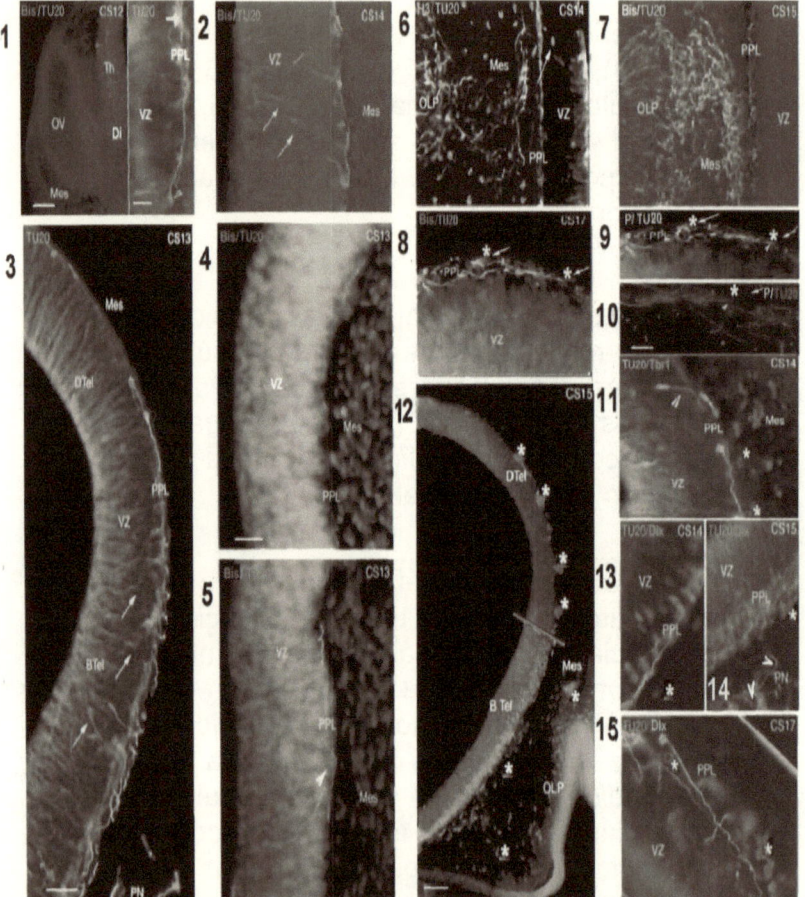

Fig. 2.18. Conformación de las primeras neuronas en la corteza cerebral humana (Crónica Visual de una Migración Anunciada). La edad embrionaria en dias postconcepcionales se estima en estadíos de *Carnegie* **(CS)**. Posterior al cierre del tubo neural (CS 11), se inicia la formación del telencéfalo (CS 12); equivalente a un promedio gestacional de 31 días, cuando el embrión humano – en su totalidad –, mide 3 o 4 mm, únicamente. **(1).** En azul, aplicación de Bisbenzemida **(Bis)**. Sección coronal del

La Compleja Maquinaria Funcionando

diencéfalo (**Di**), incluyendo primordio talámico (**Th**) en la circunscripción perteneciente a la vesícula optica(**VO**), en un muy temprano CS 12 (estadío 12, de *Carnegie*). (**Mes**), mesenquima. (Escala 100 µm). En Naranja, utilizando Anticuerpo específico TU-20 positivo para "neuronas predecesoras" de zona ventricular (**VZ**), se aprecia (hipermagnificada) la capa plexiforme primordial (**PPL**) del tálamo. El soma es marcado por la flecha blanca (Escala 100 µm). (**2**). En el estadío 14 (CS 14), las neuronas postmitóticas marcadas con (Bis), migran "radialmente" (flechas) en la VZ del teléncefalo dorsal para unirse a las células predecesoras. (escala 25 µm). (**3**). En CS 12 y CS 13, a la fecha, no hay evidencia de neurogénesis en la VZ del teléncefalo dorsal (**Dtel**). Las neuronas predecesoras están presentes en el primordio cortical antes de la instalación de la neurogénesis local. Las flechas, en neuronas expresadas con TU-20, constatan la migración radial en VZ del teléncefalo basal (**Btel**). Las neuronas pioneras (**PN**), migran a través del mesenquima (Mes), desde la plácoda olfatoria (**OLP**). Escala 50 µm. En Azul, marcado con (Bis) a 25 µm, La neurogénesis local AUN NO ha comenzado en D tel (**4**), pero SI en Btel (**5**). En (**6**) Marcando con anticuerpos a fosfohistona H3 (verde) y TU 20 (naranja) a 50 µm, se muestran células mitóticas del teléncefalo (flecha). En (**7**), utilizando Bis, Estas células mitóticas pioneras de (OLP) extienden una red a lo largo de la superficie del Btel, y penetran a lo que se presume sea el Bulbo olfatorio en el CS 15. (escala a 50 µm). Las imágenes de epifluorescencia a 25 µm en (**8, 9**) y confocal a 20 µm en (**10**), evidencian procesos ascendentes de neuronas predecesoras en el primordio cortical (flechas). Los asteriscos indican doble sello en centrosomas con antipericentrina (**P**), en verde, y TU-20 en rojo (en 10). Se evidencia la expresión de factores de transcripción regional (Tbr y DLX). La mayoría de células sobreexpresadas con anticuerpo positivo TU-20, coexpresan para el factor de transcripción Tbr. En (**11**), doble tinción con Tbr (verde) y TU 20 (naranja) en porción rostral de Btel a 25 µm. La célula marcada con flecha, indica reorientación tangencial en su migración. (**12**). El factor de transcripción DLX (verde), es selectivamente expresado por neuronas exclusivamente del Btel, pero no del Dtel. La línea naranja, debe asumirse como el límite entre Dtel y Btel. (Escala 100 µm). (**13,14**). Las flechas marcan TU-20 positivo para neuronas pioneras de OLP en el mesénquima (Esc. 25 y 50 µm, respectivamente). Ninguna de las neuronas predecesoras de PPL de Btel marcadas con TU-20, coexpresan para DLX. (**15**). Se evidencia en Dtel, la expresión positiva de TU-20 y negativa para la coexpresión del factor de transcripción DLX. La autofluorescencia verde en el citoplasma, y marcada con asteriscos se asocia con soporte vascular (Escala 25 µm). (Modificado a partir de Bystron *et al*, 2006)

Con elegantes trabajos en epifluorescencia se pueden documentar sólidos carácteres epistémicos neuronales.

Neurogénesis Meso-Diencefálica

> Los quistes colodeos, provenientes de la paráfisis, son los causantes de la hidrocefalia congénita

Juntos, diencéfalo y telencéfalo, constituyen el Prosencéfalo, donde se hallan las vesículas ópticas que son los primordios de la retina. En el techo diencefálico encontramos a la *epífisis pineal*, resultado de la proliferación celular, además de la evaginacion accidental de la *paráfisis*, que tiene un carácter quístico. En el piso diencefálico, y gracias a la proliferación de células jóvenes, nace el hipotálamo, cuya asociación con la porción anterior de la bolsa de *Rathke*, se convertirá, pocos días después, en el adosamiento con el tecto postero-infundibular, para formar el complejo hipotálamo-hipófisis. Allí se hallan los pituicitos o células de la pituitaria, que guardan una semejanza con la neuroglia.

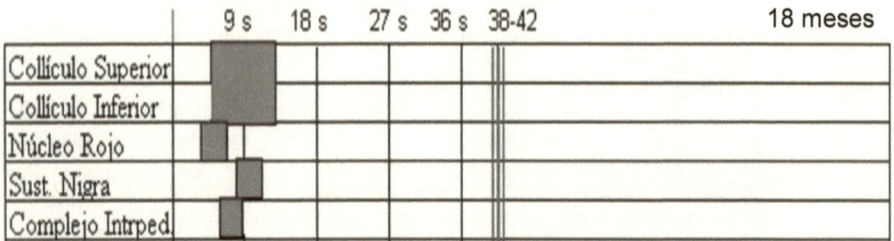

TABLA 2.3. Desarrollo de las estructuras mesencefálicas. El núcleo Rojo, se desarrolla completamente antes de finalizar período embrionario. (A partir de Rakic, 2002)

El telencéfalo cede el paso a estructuras hemisféricas como la cisura coroidea, que se convierte en el tercer ventrículo, y la mesénquima atrapada en esta área, generando la llamada *hoz del cerebro*. El núcleo caudado aparece a la sexta semana de gestación, y su dimensión original es la causante del ensanchamiento ventricular y de la formación de los cuernos temporales de los acueductos laterales.

A ésa forma se adapta el caudado al dividirse por el paso de las fibras nerviosas de la cápsula interna. Entonces se hace necesaria la intercomunicación hemisférica a través de las fibras comisurales como el cuerpo calloso.

	9 s	18 s	27 s	36 s	38-42	18 meses
Pulvinar						
Núcleos Talámicos						
Hipotálamo						
Amígdala						
Giro Dentado						
Cortex Entorrinal						
Area Septal						
Globus Pallidus						
Estriado						
Conos Retinales						
Bastones Ret.						
Cel. Ganglionares						
CPF AB 11						
CPF AB 46						

TABLA 2.4 Características Evolutivas del Prosencéfalo. El pulvinar es el núcleo talámico que más tarda en iniciar sus funciones de relevo. La corteza entorrinal hace lo propio al cerrar el circuito emocional y el hipotálamo es la primera estructura límbica en empezar a formarse. Los bastones retinales terminan su madurez postnatalmente, al igual que el giro dentado del hipocampo (*Cfr*. Tabla 2.1). La Corteza PreFrontal, Areas de Brodmann 11 y 46 (CPF AB 11 y 46), inician su actividad al finalizar el periodo embrionario. (A partir de Rakic, 2002).

Finalmente, se produce la diferenciación en la cuidadosa artesanía del *"albornoz cortical"*, a partir de las migración de las células de la porción intermedia de la cresta neural hacia la zona marginal, originando las capas de la corteza (Le

Estratificación Cortical

Douarin & Dupin, 2012, Geschwind & Rakic, 2013).

> La evolución cortical tarda mucho más que el resto de estirpes celulares, debido a la especialidad de cada neurona.

Al inicio de la evolución, la superficie de los hemisferios es lisa, pero aparecen progresivamente los surcos y circunvoluciones, permitiendo el aumento de su volumen. La importancia de la corteza cerebral y, sobre todo, el desarrollo de la estratificación cortical y su relevancia en cada uno de los estados funcionales del cerebro, se pormenorizan en el libro IV, *Algunas disquisiciones sobre la frenología y la topografía cortical*.

EXCERPTA SUCINTA

- El sistema nervioso se divide mayormente en periférico y central.

- En el cerebro podemos encontrar 5 estructuras básicas: diencéfalo, hemisferios cerebrales, tallo cerebral, cerebelo y médula espinal.

- En el cerebro anterior se sitúan las mayores áreas de procesamiento intelectual, mientras que en el cerebro medio o mesencéfalo, se hallan los núcleos nerviosos más trascendentes encargados de relevar la información procedente de la médula espinal.

- El objetivo del conjunto encefálico es procesar la información sensorio-motora y proyectarla de manera eficiente para efectos de retroalimentación continua.

LÁMINAS ANEXAS

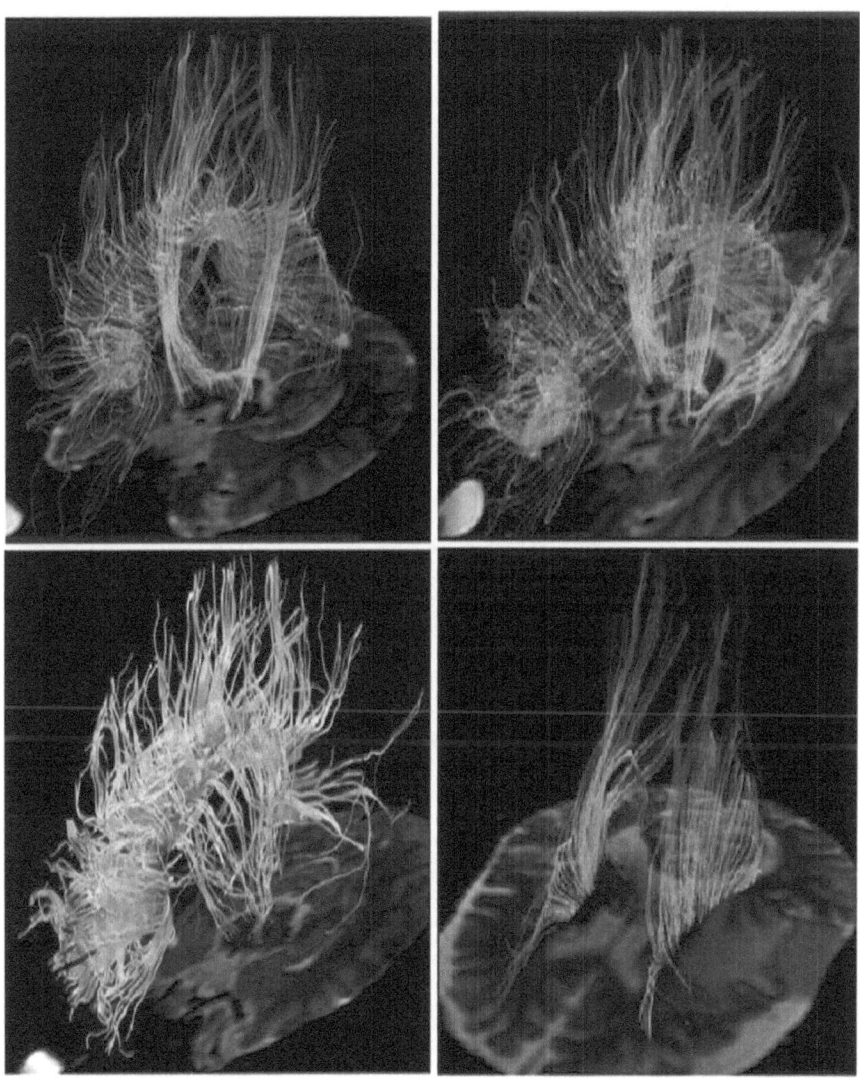

Tractografías obtenidas en el Hospital Neuroquirúrgico de Shiroishi, en Hokkaido. Se aprecia en azul, las fibras espinotalámicas, en rojo fibras del circuito talamo-cortical y en verde, fibras eferentes del sistema límbico parahipocampal.

LA COMPLEJA MAQUINARIA FUNCIONANDO

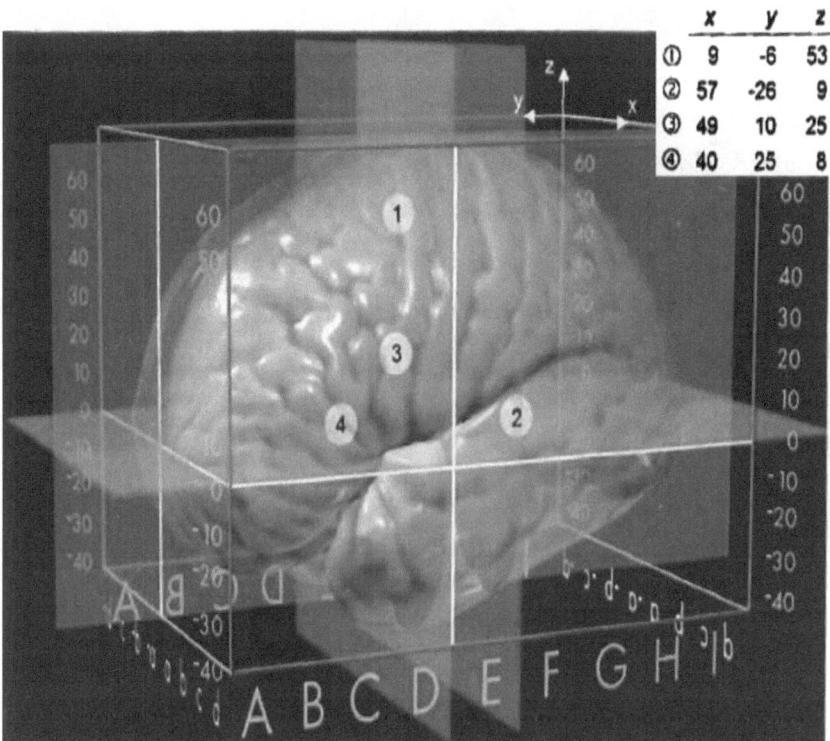

Coordenadas en el mapeo cerebral y su correlato funcional. Las coordenadas (x, y, z) introducidas por Jean Talairach y Pierre Tournoux a mediados del pasado siglo XX, resultan fundamentales en tareas de estudio, diagnóstico y terapéutica de entidades nosológicas presentes en el sistema nervioso. Así como pueden ser útiles en neuroimagen y neurociencias cognitivas, también resultan fundamentales en neurocirugía, utilizando el recurso de la estereotaxia para remover neoformaciones cerebrales o localizar diversas alteraciones anatómicas. Recientemente se intenta utilizar este modelo incluso para tratar de medir Estados Alterados de la Conciencia (EAC). En la grÁfica, en círculo los numerales, 1. Area Motora Suplementaria (Giro Frontal medial. AB 6). 2. Area de Wernicke (Giro Temporal Superior, AB 22). 3 y 4. Area de Broca (Giro Frontal Inferior AB 44-45). (A partir de Hirsch, 2005).

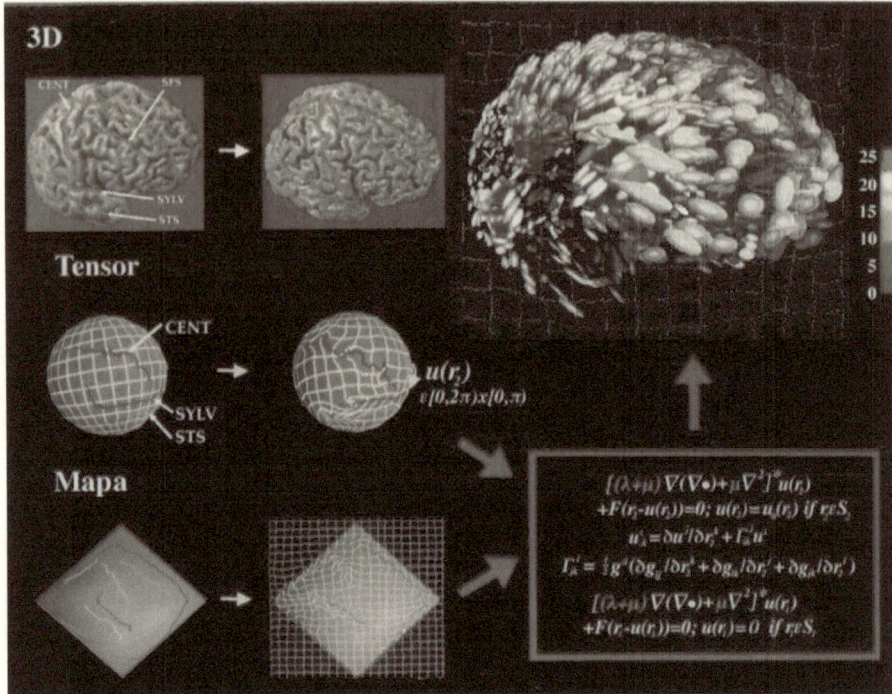

Estructuración estadística que conduce a la integración de mapeo computacional tridimensional siguiendo cálculos tensoriales. Modificado de Toga y Mazziota, 2002.

Cortes 3D de Tractografías de la comisura interhemisférica (*Corpus Callosum*) logradas a partir de DTI por RMf. LONI, HCP, Toga et al, 2013.

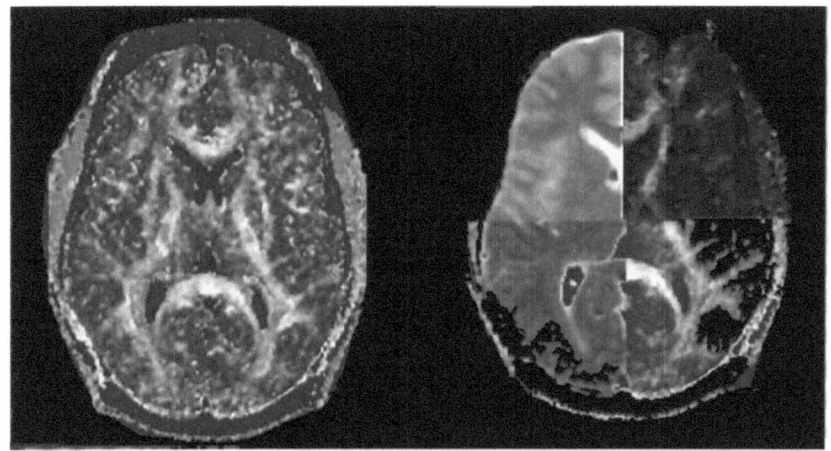

A la izquierda, un corte coronal del mapa vectorial codificado por colores. A la derecha, típicas vistas comparativas de mapeo cerebral incluyendo T2 en Resonancia Magnética, el Coeficiente de Aparente Difusión (CAD) y el mapa codificado vectorial obteniendo una Imagen por Difusión Tensorial, DTI. (Park, 2005)

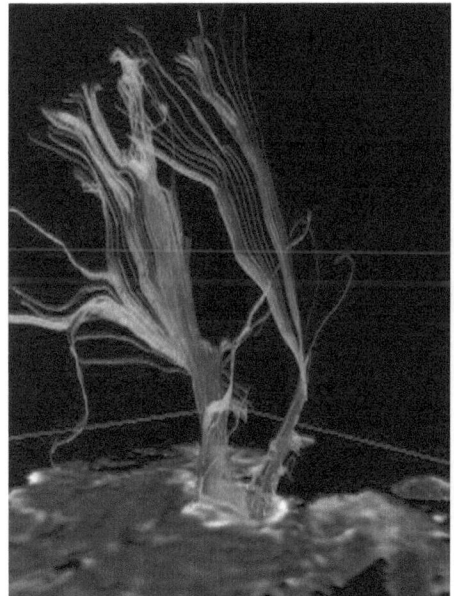
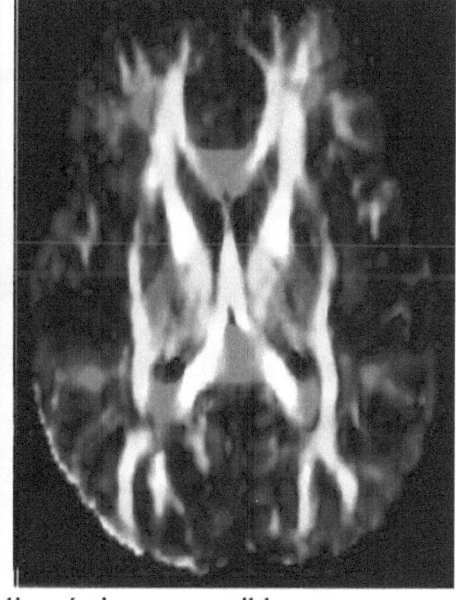

Imagen de un estadío diagnóstico compatible para Esclerosis Múltiple, avalado por la técnica de Imagen por Difusión Tensorial (DTI), permitiendo una mayor claridad y resolución para identificar los tractos de sustancia blanca alterados neuropatológicamente en este padecimiento (Minagar et al, 2005).

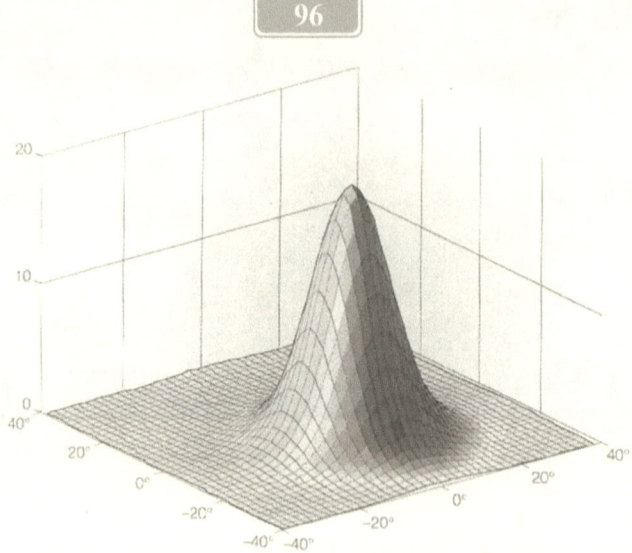

En la transfomación de datos emitidos a partir de redes neuronales en procesamiento multisensorial, la aplicación de estadísticas Bayesianas para obtener mapeos computacionales, suele ser una herramienta que proporciona aproximaciones muy fidedignas. (Pouget et al, 2002)

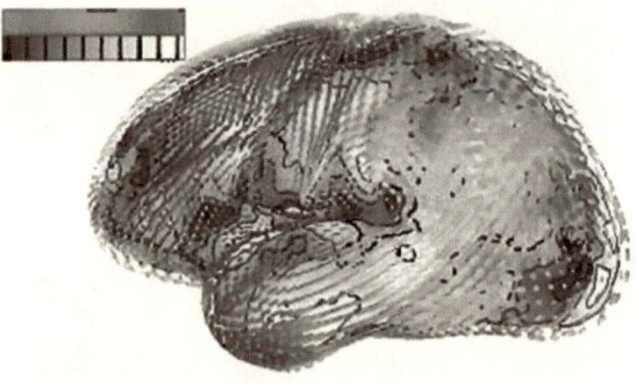

Cuando se ejerce un análisis de covarianza en campos tensoriales y sus dinámicas vectoriales son aplicables al mapeo cerebral, se pueden obtener con gran precisión y resolución este tipo de imágenes computacionales (Kindlman et al, 2004).

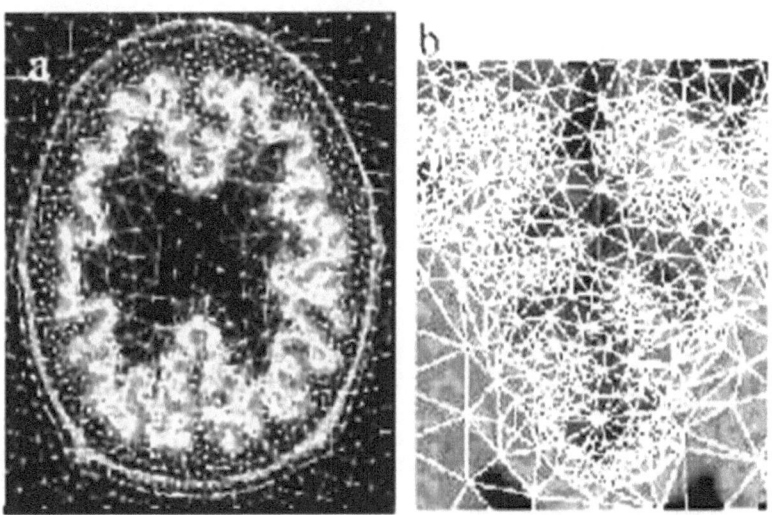

Las técnicas en mapeo cortical alcanzan cada vez más, sofisticados grados de afianzamiento tecnológico. En este caso, se utilizan varios algoritmos para medir el grosor de la materia gris en corteza cerebral. Tal grosor, puede ser alterado en diferentes condiciones fisiológicas como el desarrollo, o incluso durante procesos fisiopatológicos. En (b), se evidencia un acercamiento del análisis comparativo utilizando RKPM *(Reproducing Kernel Particle Method)* que permite cuantificar extractos de superficie cortical en tres dimensiones y confrontarlo con resonancia magnética (Xu et al, 2006)

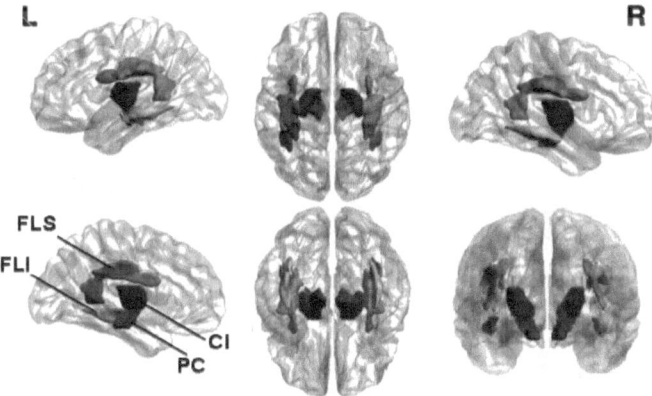

Reconstrucción post-tensorial con métodos estadísticos de curtosis difusional y anisotropía fraccional, evaluando estados desmielinizantes de sustancia blanca en Alzheimer. Tono oscuro, mielinizacción temprana. Medio tono (proceso tardío). FLS, Fascículo Longitudinal Superior, FLI, Fascículo Longitudinal Inferior, CI, Cápsula Interna, PC, Pedúnculo Cerebral. (Benitez et al, 2014)

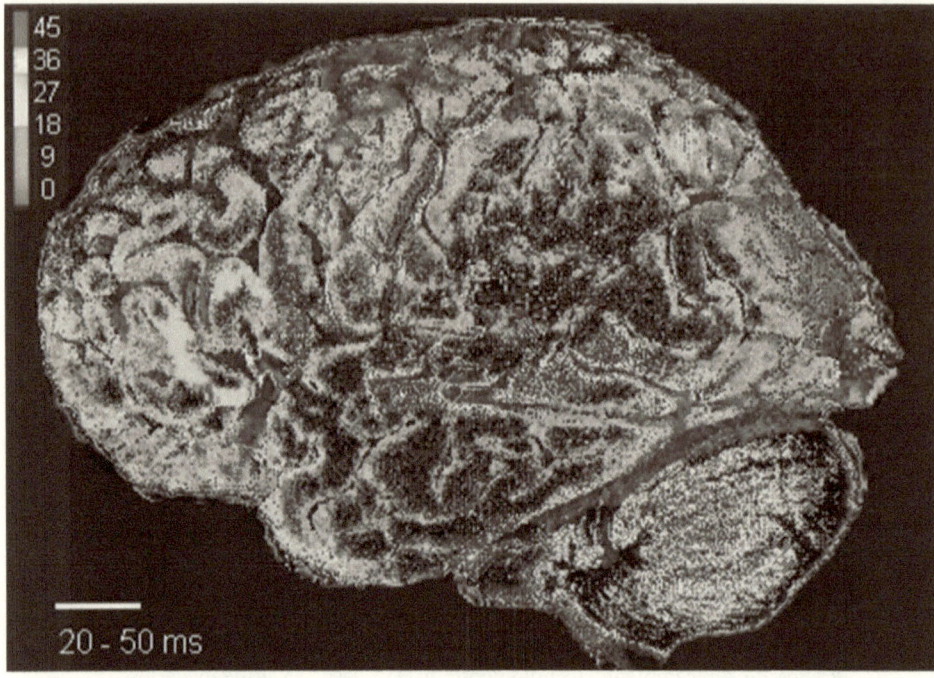

Curva tonal siguiendo parámetros estadísticos bayesianos, durante actividad cognitiva premotora y visual (entre 20 y 50 ms), a partir de un rastreo coplanar con base en las areas de Brodmann (AB 4,6 y 17 y 19 principalmente). Aplicado a Perfiles de Función Cognitiva, integrado por el autor bajo sustracción algorítmica y análisis de covarianza en dinámica comparativa tensorial, con Software *Shining Neuropathways* Nia-2.6, 2011.

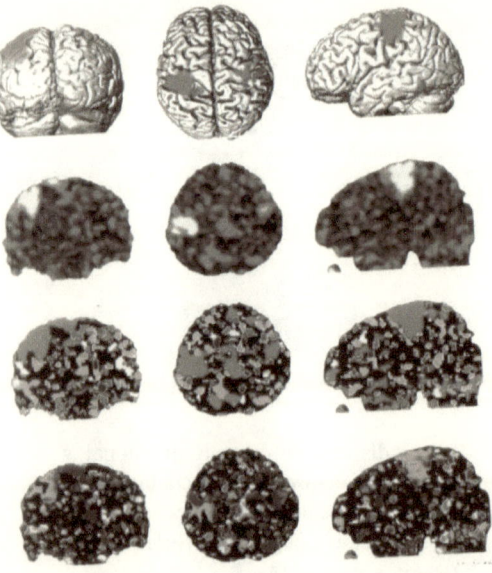

Imágenes descriptivas estadísticas. En línea superior, utilizando análisis estadístico *t de student,* (P<0.001) en tareas motoras según parámetros de mapeo estadístico estandarizados. En la segunda línea, un mapeo estadístico de Fisher "Gmax" en la misma tarea motora de A). Filas inferiores, muestran la frecuencia de G max, y los componentes presente en B. En línea final, áreas azules son cercanas a cero, verde es negativo y rojo tiene valores positivos (Van Horn & Gazzaniga, 2002.

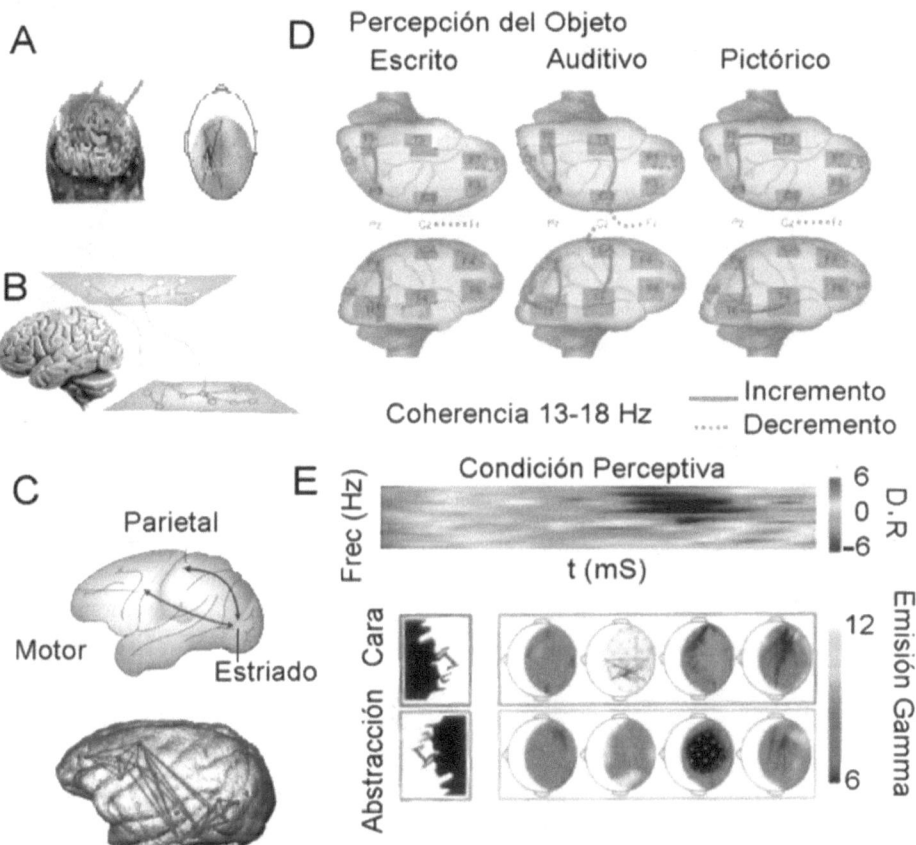

Sincronización e Integración a Gran Escala por Mapeo Electroencefalográfico (mEEG). A, Instalación de los sistemas a gran escala para medir sincronización durante tareas cognitivas y reconocimiento de caras. Las líneas negras unen electrodos de EEG. **B.** Esquema de ensambles neurales distribuidos bajo dinámicas de interacción a gran escala. **C.** Registros de Actividad Estriada en Primates durante movimiento motor. Abajo, valores coherenciales post-estimulación. **D,** Estudios de Integración Masiva entre corteza parietal y temporal, siguiendo tareas cognitivas con frecuencias beta menores a los 18 Hz. Pz Cz y Fz, son electrodos de la línea media. **E,** Reconocimiento de caras y discriminación de percepciones en tiempo real, valiéndose de un rastreo electrocortical, en el que los colores traducen fases de sincronización (Modificado de Varela F et al, 2002).

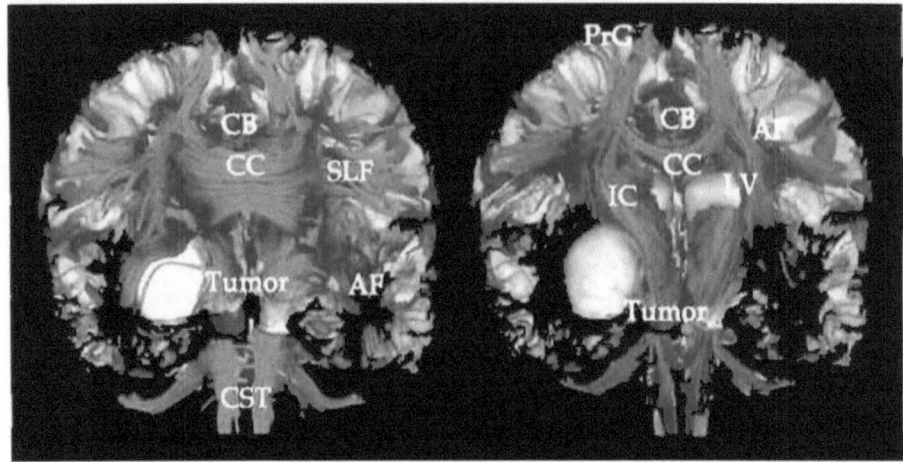

Seguimiento tractográfico en neurocirugía. En la planeación quirúrgica con el fin de extirpar un tumor cerebral puede utilizarse este fino recurso de neuroimagen. A la izquierda se aprecian cortes seccionados de sustancia gris y blanca. A la derecha, las fibras púrpura originadas desde el giro precentral siguen una extensa conexión hacia áreas corticales y también hacia el tumor. CC, Cuerpo Calloso; SLF, Fascículo longitudinal superior; CB, Cíngulo; AF, Fibras del Arcuato; IC, Cápsula Interna; CST, Tracto Cortico-Espinal; PrG, Giro precentral; LV, Ventrículo lateral. (Adaptado de Park et al, 2004)

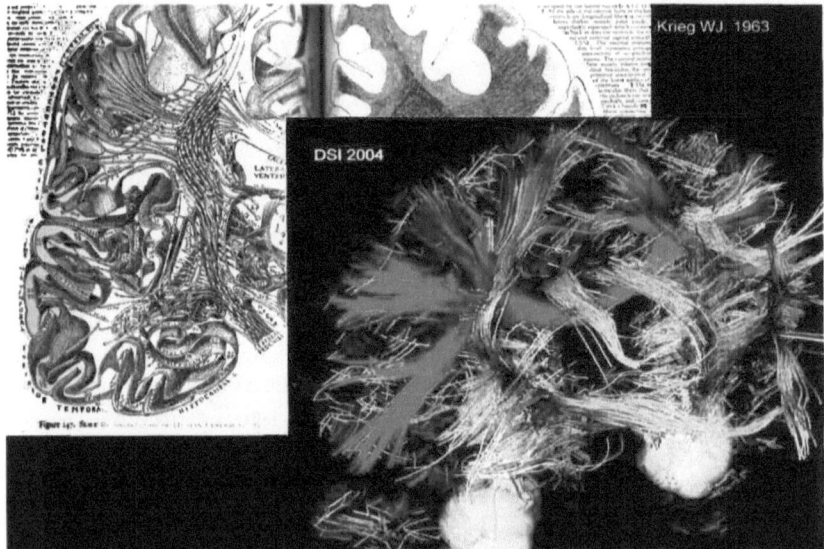

Avances en Arquitectura y tractografía cortical. Una comparación del detalle que puede revelarse a través de una cuidadosa disección en el portentoso trabajo de Wendell J. Krieg en la década de los 60's. A la derecha, una Imagen por Difusión Espectroscópica (DSI), obtenida el Centro de Imagen Biomédica del Hospital General de Massachusetts en colaboración con la Escuela Médica de Harvard (Grant, 2005).

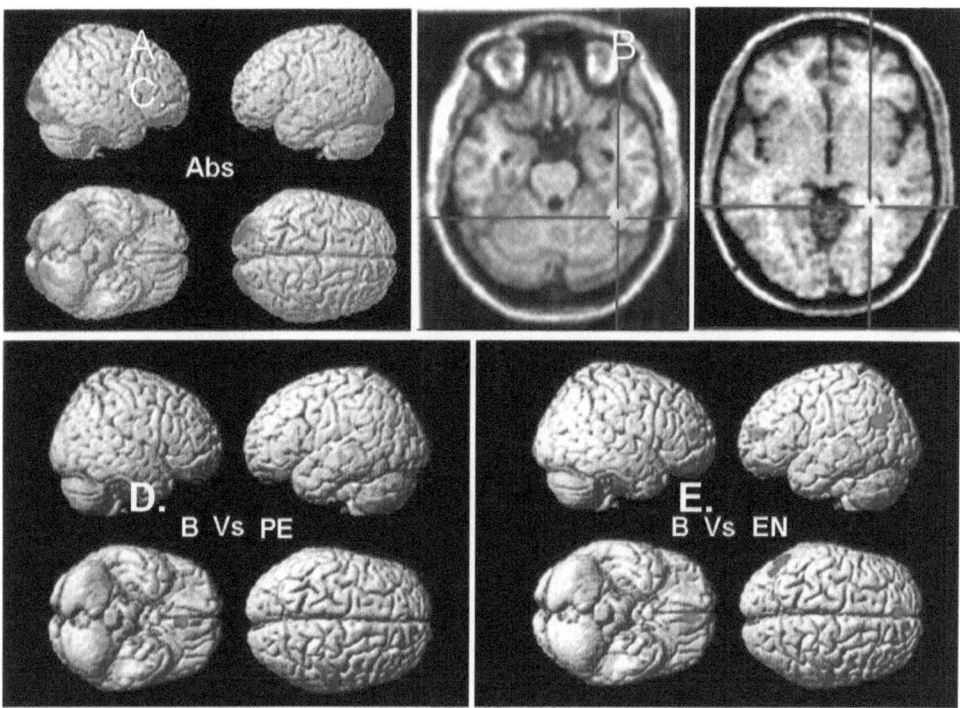

Estructuras neurales implicadas en los juicios perceptivos de belleza en obras de arte pictórico (retrato y paisaje). 5 mujeres y 5 hombres, mental y oftalmológicamente saludables, sin experiencia en estudios de arte o cualidades artísticas personales notorias, seleccionan patrones de belleza en 300 pinturas, según su consideración: 1-4 (feas o de poca estética), 5-6 (neutral, ni feas ni bonitas) y 7-10 (bellas). El corte sagital **A)** muestra la actividad en corteza visual para discriminar figuras abstractas sin distingos estéticos. En **B)**, reconocimiento a caras y retratos con activación en amígdala y giro fusiforme. **C)**, paisajes con presencia de estimulación parahipocampal. En panel inferior, **D).** Comparación de lo considerado belleza (B) con la percepción de poca o nula estética (PE), mostrando actividad únicamente en Corteza Orbito-Frontal (COF) y **E).** Lo Bello Vs. un Estímulo Neutral (EN) ni bonito, ni desagradable a la vista (B Vs EN); reportando actividad en COF medial, corteza cingulada anterior y corteza parietal izquierda (A partir de Kawabata y Zeki, 2004).

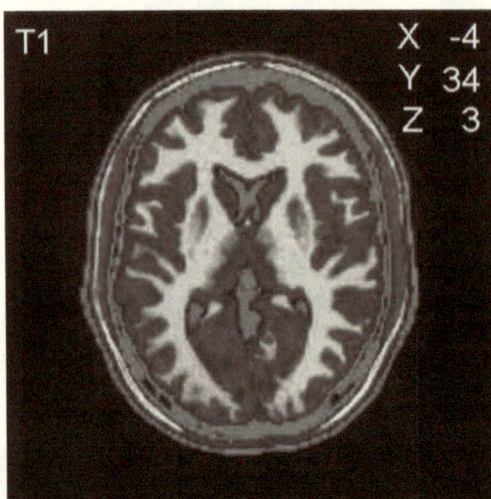

Resonancia Magnética Nuclear, cuyas coordenadas x,y,z, en T1, indican un corte transverso a nivel del cíngulo anterior en HI, donde se procesa información conciencial subjetiva de tipo cognitivo-afectiva. La imagen fue lograda por el autor, a partir de un programa cibernético de simulación tridimensional, diseñado en el Centro Mc Connell de Imagenología Cerebral del Instituto Neurológico de Montreal, con el auspicio de la Universidad de Mc-Gill en Canadá[***].

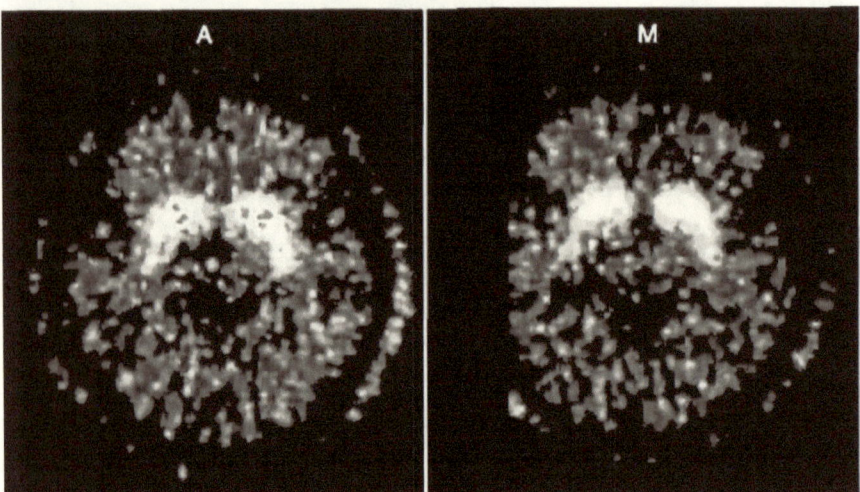

Image~inando los Estados Amplificados de la Conciencia... Se evidencian los niveles de Racloprida en el estriado durante el ejercicio de tareas atentivas (Imagen A) y de meditación Yoga Nidrah (M). La reducida fijación de racloprida en el estriado ventral, ilustra el efecto y la contribución de dopamina liberada incluso desde los señalados compartimientos endógenos dopaminérgicos incrementados durante tareas contempladas, como estados de ampliación conciencial (Lou et al, 2005).

[***] Ver **mención referencial** sobre el simulador de RMN y su aplicación didáctica, en páginas de introducción general.

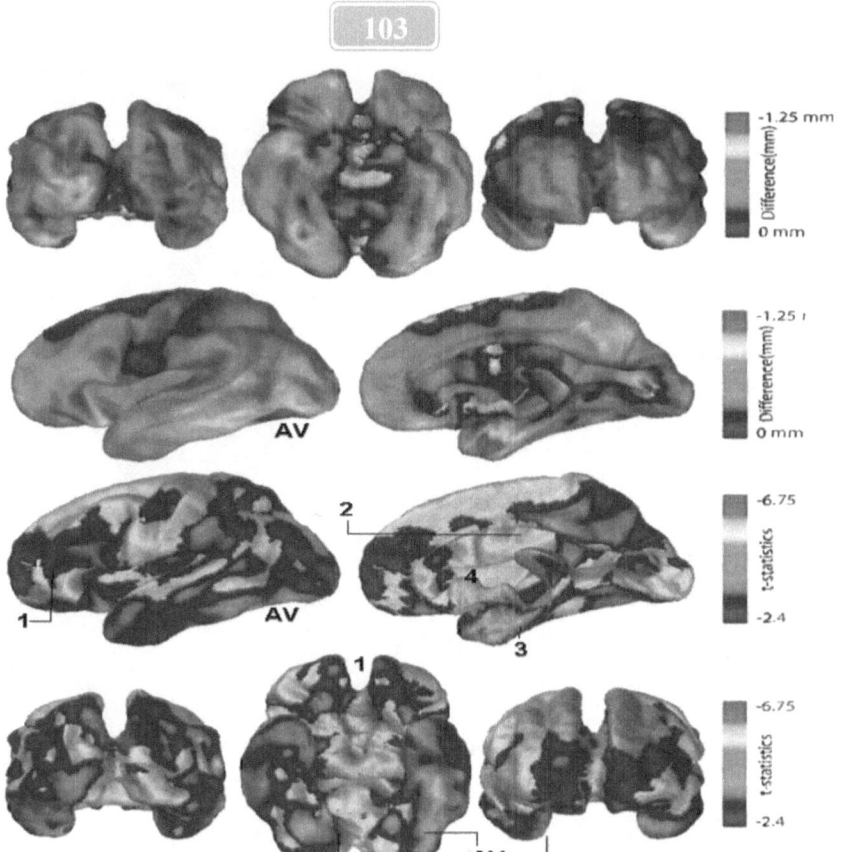

Análisis de Neuroimagen en Enfermedad de Alzheimer. Se realizaron sustracciones estadísticas entre dos grupos de estudio. Un control de 17 sujetos normales y un segundo grupo de 19 pacientes con Alzheimer. Los cambios degenerativos en cortes sagitales y coronales son advertidos en los lóbulos temporales, cortezas límbicas perirrinales y entorrinales y áreas de asociación visual (AV). Apréciese la diferencia de actividad en corteza dorsolateral prefrontal (1), corteza cingulada (2) y lóbulo temporal (3), así como especialmente en giro supramarginal izquierdo, asociado al área del lenguaje articulado (4). El efecto de la edad de los sujetos en estudio, fue removido por regresiones aritméticas evidenciado en los rangos de superposición en el panel superior. Los colores verde, amarillo y rojo entre más altos, mayor índice de normalidad. En el análisis imagenológico inferior, la sustracción estadísca que evalúa los devastadores cambios neurodegenerativos del padecimiento (Modificado de Lerch *et al*, 2005).

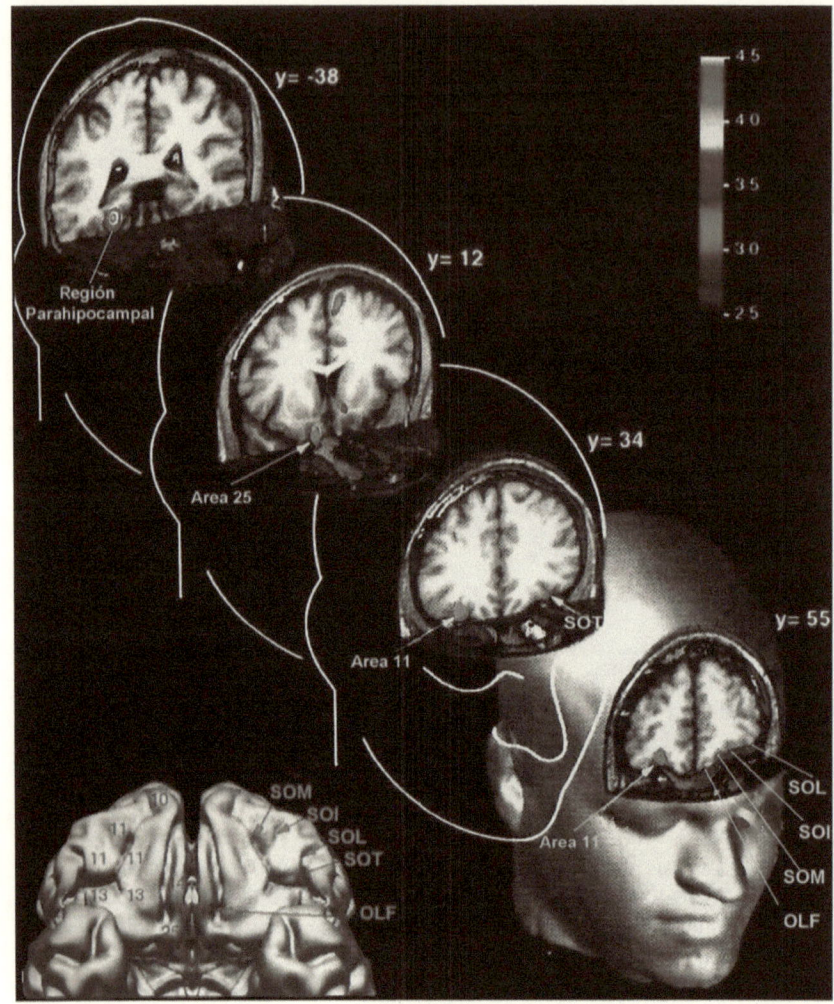

Participación de la corteza orbitofrontal en los procesos de memoria de asociación. 18 masculinos diestros, fueron sujetos a cuatro condiciones de asociación diferentes, siguiendo un modelo de figuras abstractas mostradas cada cuatro segundos debiendo asociarlas con conceptos concretos. La actividad en áreas de Brodmann 11, 13 y 25 es evidente y se asocia con la toma de decisiones. AB 10, identifica la actividad cognitiva de la CPF. El procesamiento computacional se hizo con equipos del centro McConnell de imagen cerebral y neurofotografía de la Universidad de Mc Gill, en Montreal. OLF, corteza olfatoria. SOI, *sulcus* orbital intermedio; SOL, *sulcus* orbital lateral; SOM, *sulcus* orbital medial; SOT *sulcus* orbital transverso. (y), indica un eje de coordenadas estereotáxicas (Frey & Petrides, 2002).

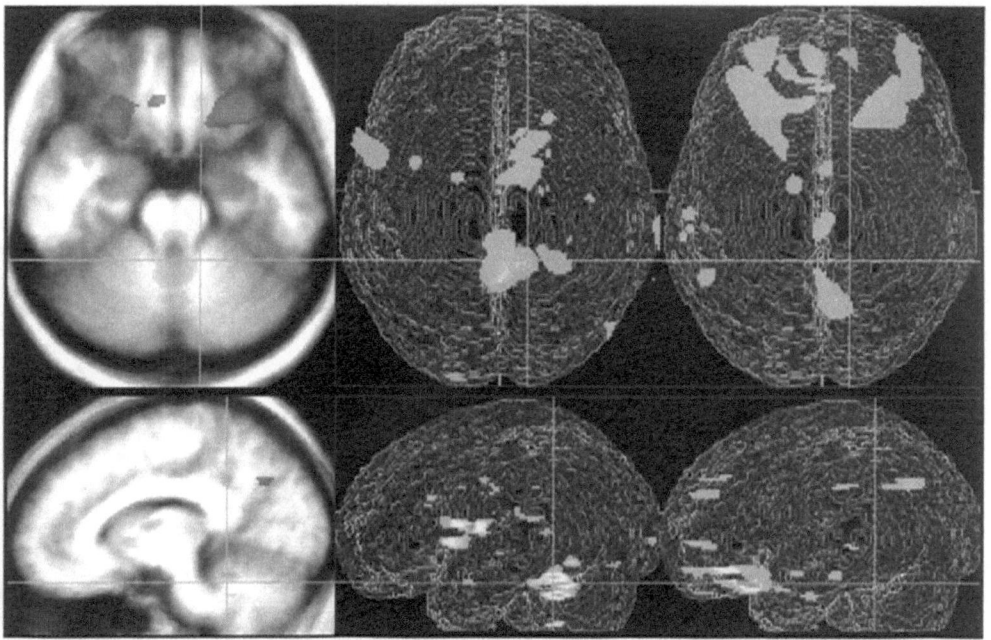

El reloj cerebelar humano y la percepción del tiempo bajo el efecto de la marihuana. La percepción del tiempo es procesada importantemente en los humanos, por una especie de reloj cerebelar que se encuentra en estrecha conexión con los ganglios basales y circuitos tálamo-corticales principalmente asociados al lóbulo frontal. El desempeño de los receptores endógenos a marihuana con núcleos reguladores del sueño y otras funciones vegetativas hipotalámicas, se relaciona con fibras ventrotegmentales procedentes del tallo cerebral y del cerebelo. 6 hombres y 6 mujeres, con historia clínica de uso frecuente de canabinoides en forma crónica u ocasional, fueron convocados por un anuncio de periódico para el experimento realizado en el centro de investigación en esquizofrenia dentro del programa de neurociencias y de la Universidad de Iowa. El análisis por RMN y TEP siguiendo el radiotrazador $H_2{}^{15}O$, midió el flujo sanguíneo cerebral (FSC) antes y después de fumar marihuana. En la primera columna, el cerebelo y el tálamo (color naranja) evidencian disminución del FSC en fumadores ocasionales. En color púrpura, indica el decremento del FSC en la región frontal en fumadores crónicos. La segunda columna muestra sitios específicos de incremento de FSC después de fumar en usuarios crónicos, siendo mayor que en fumadores ocasionales. En el extremo derecho, el análisis final de áreas con FSC minimizado después de fumar marihuana (Modificado de O'Leary et al, 2003).

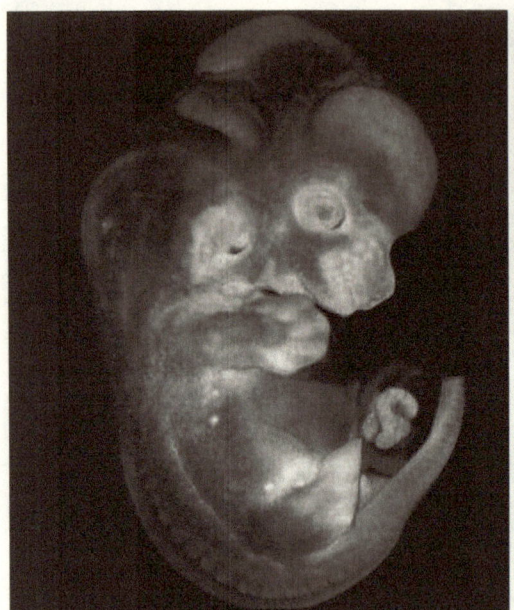 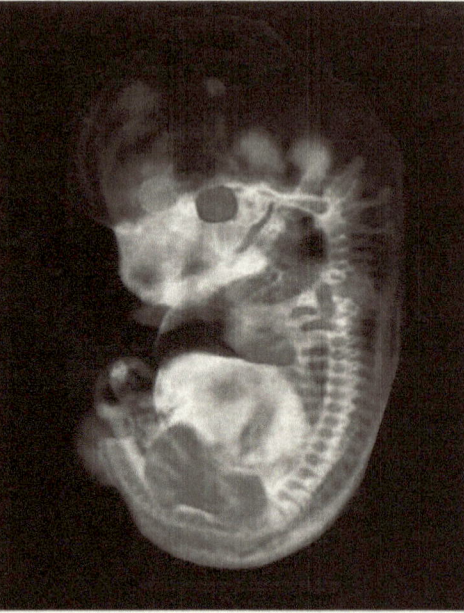

Evidencias Tralfamadorianas. Izq. La Imagen de Microscopía de Superficie (IMS), genera buena resolución celular para especimenes mayores, como en este ratón TS21, preservando su tridimensionalidad embrionaria. Las reconstrucciones por IMS producen mínimo artefacto. A la derecha, tomografía de proyección óptica (OPT) y tinción *alcian-blue* revelando los elementos óseos y espinales de TS21 de modo 3D, exhibiendo respuesta motora a estímulos sensoriales. La OPT, permite un rastreo efectivo y visualización de los patrones de expresión genética y la distribución de moléculas significativas dentro del embrión. El término literario Tralfamadoriano, traduce naturaleza alienígena, descrito en el clásico ensayo antibélico *Slaughterhouse Five* de Kurt Vonnegut Jr. Los autores titulan el artículo científico original, haciendo una aproximación imaginaria entre lo que se aprecia por tecnología tridimensional y las manifestaciones emanadas de la ciencia ficción (Modificado de Ruffins et al, 2002)

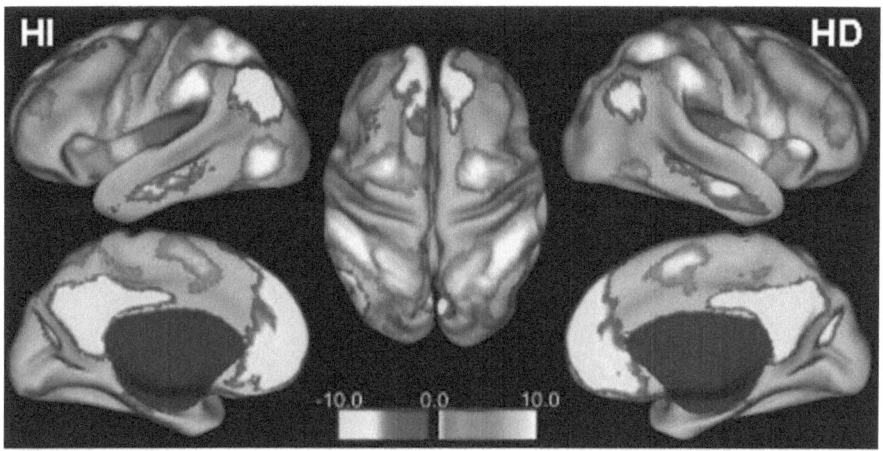

Actividad intrínseca de redes neuronales integradas implicadas en memoria de trabajo y procesos atentivos (nodos positivos). HI, Hemisferio Izquierdo. HD, Hemisferio derecho. Se obsevan vistas sagitales internas y externas y corte dorsal al centro (A partir de Fox et al, 2006).

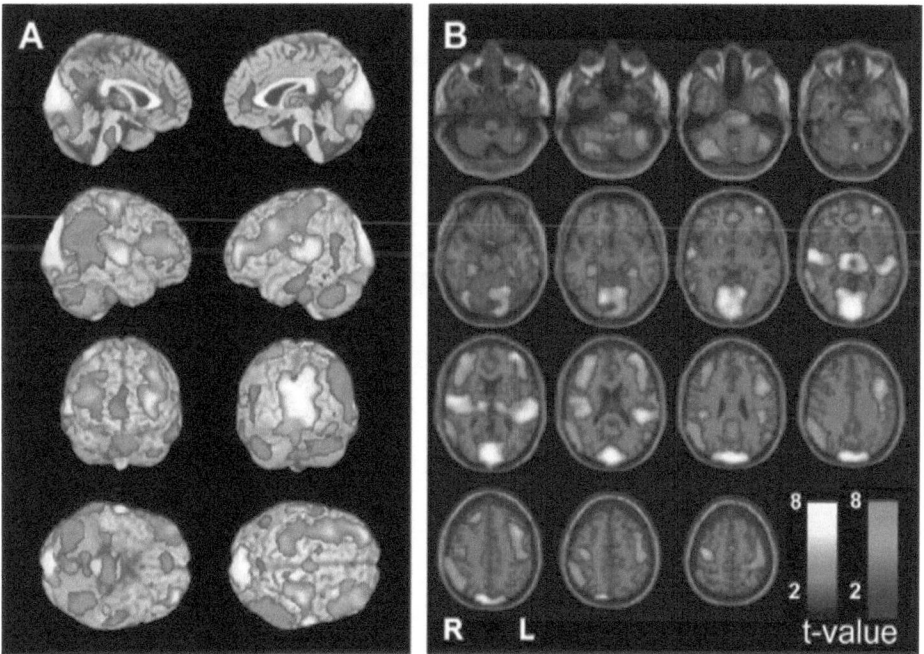

La RMf, registra 12 segundos de crisis de ausencia en una niña de 14 años. Los niveles de oxígeno en sangre tienen una variación generalizada, aumentando en tálamo y disminuyendo en áreas concernientes a la conciencia, como Protuberancia, Corteza Cingulada, Precuneo, Ganglios basales y Cerebelo. (Blumenfeld, 2011)

108

BIBLIOGRAFIA

Max Planck Cotejando unos Datos…

110

Literatura Fundamental y Sugerencias Bibliográficas

Anderson D. (1989) The neural crest cell lineage problem: Neuropoiesis? Neuron 3:1-12

Baddeley A (2012). Working memory: theories, models, and controversies. Annu Rev Psychol. 2012;63:1-29.

Dawes-Hoang RE, Zallen JA & Wieschaus EF. (2003) Bringing classical embryology to C elegans gastrulation. Dev Cell. 4:6-8

Dudás B (2013) The Human Hypothalamus: Anatomy, Functions and Disorders (Neuroscience Research Progress). Nova Science Publishers, First edition.

Geschwind DH & Rakic P (2013). Cortical evolution: judge the brain by its cover. Neuron. 80(3):633-47.

Graybiel AM (2005) The basal ganglia: learning new tricks and loving it. Curr Opin Neurobiol. 15: 638-44.

Hagmann P, Cammoun L, Gigandet X, Meuli R, Honey CJ, Wedeen VJ, Sporns O (2008) Mapping the structural core of human cerebral cortex. PLoS Biol. Jul 1;6(7):e159.

Hjelmstad GO, Xia Y, Margolis EB, Fields HL (2013). Opioid modulation of ventral pallidal afferents to ventral tegmental area neurons. J Neurosci. 33(15):6454-9.

Mallet N, Micklem BR, Henny P, Brown MT, Williams C, Bolam JP, Nakamura KC & Magill PJ (2012). Dichotomous organization of the external globus pallidus. Neuron. 74(6):1075-86.

Jacoby N & Ahissar M (2013). What does It take to Show that a Cognitive Training Procedure is Useful?: A Critical Evaluation. Prog Brain Res; 207:121-40.

Küper M, Döring K, Gizewski ER, Schoch B & Timmann D (2013)Location and restoration of function after cerebellar tumor removal-a longitudinal study of children and adolescents. Cerebellum. 12(1):48-58.

Morin LP (2013). Neuroanatomy of the extended circadian rhythm system. Exp Neurol. 243:4-20.

Bibliografía

Pelletier A, Periot O, Dilharreguy B, Hiba B, Bordessoules M, Pérès K, Amieva H, Allard M & Catheline G (2013). Structural hippocampal network alterations during healthy aging: a multi-modal MRI study. Front Aging Neurosci. 5:84.

Rakic P (2007). The radial edifice of cortical architecture: from neuronal silhouettes to genetic engineering. Brain Res Rev. 55(2):204-19.

Roozendaal B & McGaugh JL (2011). Memory modulation. Behav Neurosci. 125(6):797-824

Seger CA, Dennison CS, Lopez-Paniagua D, Peterson EJ & Roark AA (2011). Dissociating hippocampal and basal ganglia contributions to category learning using stimulus novelty and subjective judgments. Neuroimage. 55(4):1739-53

Seemungal BM (2014). The cognitive neurology of the vestibular system. Curr Opin Neurol. 27(1):125-32.

Spemann H (1935) From Nobel Lectures, Physiology or Medicine 1922-1941, Elsevier Publishing Co. Amsterdam.

Sperry RW (1981) Some Effects of Disconnecting the cerebral hemisphere. The Nobel Lecture, Elsevier Publishing Co.

Squire L, Berg D, Bloom FE, Du Lac S & Spitzer NC (2013) Fundamental Neuroscience. Academic Press. Fourth Ed.

Toga AW, Clark KA, Thompson PM & Shattuck DW, Van Horn JD (2012). Mapping the human connectome. Neurosurgery. 71(1):1-5.

Türe U, Yasargil MG, Al-Mefty O, & Yasargil DCH (2000) Arteries of the insula. J. Neurosurgery 92:676-87

Vicente AM & Costa RM (2012). Looking at the trees in the central forest: a new pallidal-striatal cell type. Neuron. 74(6):967-9.

Voogd J & Wylie DR (2004) Functional and anatomical organization of floccular zones: a preserved feature in vertebrates. J Comp Neurol. 470:107-12

Zaidel E & Iacoboni M (2002) The Parallel Brain: The Cognitive Neuroscience of the Corpus Callosum. MIT Press.

Zeki S & Stutters J (2013). Functional specialization and generalization for grouping of stimuli based on colour and motion. Neuroimage. 73:156-66.

LIBROS DE TEXTO RECOMENDADOS

Adams RD & Victor M (1993) Principles of Neurology. 5th Edition. NY McGraw-Hill.

Baars B & Gage NM (2010) Cognition, Brain, and Consciousness, Introduction to Cognitive Neuroscience. 2nd Edition. Academic Press, Elsevier.

Ballard D. (1997) An introduction to natural computation. MIT Press.

Brodal P (2010) The Central Nervous System, Structure and Function, 4th ed. Oxford University Press.

Carpenter MB & Sutin J (1983) Human Neuroanatomy. 8Th. ed. Batimore. Williams & Wilkins.

Eccles J.C, Ito M & Szentagothai J. (1967) The cerebellum as a neuronal machine. Berlin and Vienna, Springer Verlag.

Gildenberg PL, Tasker RL & Franklin PO (1998) Textbook of The Stereotactic and Functional Neurosurgery, Mc. Graw Hill, N.Y

Gray H (2010) Gray's Anatomy, the classic 1860 edition; with original illustrations by Henry Carter. Arcturus Publishing, London.

Jones E (2007) The Thalamus 2nd edition, 1708 pgs. First Edition 1985. Cambridge University Press.

Mai J & Paxinos G (1990-2012). Atlas of the human brain. Academic Press: Elsevier.

Nieuwenhuys, R., Ten Donkelaar, H.J. and Nicholson, C (1998). *The Central Nervous System of Vertebrates. Vol. 3*, Berlin: Springer, 1998.

O'Rahilly R & Muller F (1999) The embrionic human brain. An atlas of development stages. Wiley Liss, NY.

Purves D, Augustine GJ, Fitzpatrick D, Katz LC, Lamantia AS, Mc Namara JO, Williams SM (2001) Neuroscience. Sinauer Associates Inc, Publishers Sunderland Mass.

Swanson L (2012) Brain Architecture, Understanding the Basic Plan. 2nd Edition. Oxford University Press.

Snell RS. (2001) Clinical Neuroanatomy 4^{Th} edition. Lippincott Raven Press. Neuroanatomía Clínica 4^a ed. 2000

Talairach J & Tournoux P (1988) Co-planar Stereotaxic Atlas of the human brain. Thieme, Stuttgart, 1988.

Toga AW & Mazziotta JC (2000) Brain Mapping: The Systems, Academic Press

Warwick R. and Williams PL. Eds. The Grays Anatomy 35 th (Brit. Ed.) Philadelphia Saunders, 1973

Wilkins, (2001) Clinical Neurosurgery Williams and Wilkins Co. Baltimore, 1973

Otros muy didácticos textos de correlación integral y neurofisiopatológica son también:

Afifi AK & Bergman RA (1998) Functional Neuroanatomy. New York: McGraw-Hill.

Andersen P, Morris R, Amaral D, Bliss T (2006) The Hippocampus Book. Oxford Neuroscience Series.

Andrews BT (1993) Neurosurgical Intensive Care. Mc Graw-Hill.

Bear MF, Connors BW, Paradiso MA (1996). Neuroscience: Exploring The brain. Williams & Wilkins, eds.

Betancourt MS, (1987) Neurología. Corporación para Investigaciones Biológicas. C.I.B. *Ed. Col.*

Blinkov, S.M. and Glezer, I.I. *The Human Brain in Figures and Tables*. A Quantitative Handbook, New York: Plenum Press, 1968.

Gazzaniga M (2009) The Cognitive Neurosciences 4th Edition MIT Press.

Gould DJ & Brueckner J (2008) Sidman's Neuroanatomy: A programmed learning. 2nd Edition. Lippincott, Williams & Wilkins.

Joseph R (2011) Basal Ganglia, Brain Stem, Cerebellum, 228 pg. University Press.

Joseph R (2011) Limbic System: Amygdala, Hippocampus, Hypothalamus, Septal Nuclei, Cingulate, Emotion, Memory, Sexuality, Language, Dreams, Hallucinations, Unconscious Mind. University Press.

Llinás RR (1969) Neurobiology of Cerebellar Evolution and Development. Chicago, American Medical Association.

Mathews G. (2001) Neurobiology: Molecules, Cells and Systems. Second Ed. Blackwell Sciences.

Netter F.(1982) El sistema nervioso. Tomo III. Colección Ciba. 18 ed.

Nieuwenhuys R, Voogd J & van Huijzen C (2008) The human central nervous system, 4th ed, New York, Springer

Quiroz GF.(1990) Tratado de Anatomía Humana. Tomo II. 31 Edición. Ed. Porrúa.

Testut- Latarjet (1983) Anatomía comparativa. III tomo. Salvat

Volpe J. (1999) Neonatal Neurology. Saunders.

Youmans JR (1963) Neurological Surgery W.B. Saunders co. Philadelphia.

BIBLIOGRAFÍA LÁMINAS ANEXAS

Benitez A, Fieremans E, Jensen JH, Falangola MF, Tabesh A, Ferris SH & Helpern JA (2014). White matter tract integrity metrics reflect the vulnerability of late-myelinating tracts in Alzheimer's disease. Neuroimage Clin. 2014; 4: 64-71.

Blumenfeld H (2011). Epilepsy and the consciousness system: transient vegetative state? Neurol Clin. 29(4):801-23.

Frey S & Petrides M (2002) Orbitofrontal cortex and memory formation. Neuron 36: 171-76.

Fox MD, Corbetta M, Snyder AZ, Vincent JL & Raichle ME (2006) Spontaneous neuronal activity distinguishes human dorsal and ventral attention systems. Proc Natl Acad Sci U S A. 103:10046-51.

Glabus MF (2005) Neuroimaging Part A. International Review of Neurobiology Vol 66:206-207. Academic Press.

Grant PE (2005) Imaging the developing epileptic brain. Epilepsia 46: Suppl 7:7-14.

Hirsch J (2005) Functional neuroimaging during altered states of consciousness: how and what do we measure? Prog Brain Res. 2005;150:25-43

Kawabata H & Zeki S (2004) Neural Correlates of Beauty. J. Neurophysiol. 91:1699-1705

Kindlmann GL, Weinstein DM, Lee AD, Toga AW & Thompson PM (2004) Visualization of anatomic covariance tensor fields. "Proc. IEEE Enginering in Medicne and biology Society (EMBS) Sn Fco, Sept 1-5, 2004. Cit in Glabus 2005, Vol 66.

Lerch JP, Pruessner JC, Zijdenbos A, Hampel H, Teipel SJ & Evans AC (2005) Focal decline of cortical thickness in Alzheimer's disease identified by computational neuroanatomy. Cereb. Cortex 995-1001.

Lou HC, Nowak M & Kjaer TW (2005)The mental self. Prog Brain Res. 150:197-204.

Minagar A, Gonzalez-Toledo E, Pinkston J & Jaffe SL (2005) Neuroimaging in Multiple Sclerosis. In Neuroimaging Part B. International Review of Neurobiology Vol 66:165-201. Academic Press.

O'Leary DS, Block RI, Turner BM, Koeppel J, Magnotta VA, Boles-Ponto L, Watkins GL, Hichwa RD & Andreasen NC (2003) Marijuana alters the human cerebellar clock. Neuroreport 14:1145-51.

Park HJ, Kubicki M, Westin CF, Talos IF, Brun A, Peiper S, Kikinis R, Jolesz FA, McCarley RW & Shenton ME (2004). Method for combining information from white matter fiber tracking and gray matter parcellation. Am J Neuroradiol. 25(8):1318-24.

Pouget A, Deneve S & Duhamel JR (2002) A computational perspective on the neural basis of multisensory spatial representations. Nat Rev Neurosci. 3:741-7

Ruffins SW, Jacobs RE & Fraser S (2002) Towards a Tralfamadorian view of the embryo: multidimensional imaging of development. Curr. Op. Neurobiol. 12:580-586

Talairach J & Tournoux P (1988) Co-Planar Stereotaxic Atlas of the Human Brain: 3-Dimensional Proportional System : An Approach to Cerebral Imaging. Thieme Medical Publishers.

Toga AW & Mazziotta JC (2002) Brain Mapping: The Methods. Second Ed. Academic Press.

Van Horn JD & Gazzaniga MS (2002) Databasing fMRI studies –towards a "discovery science" of brain function. Nat. Rev. Neurosci. 3:314-8.

Varela F, Lachaux JP, Rodriguez E & Martinerie J. (2001) The Brainweb: phase synchronization and large-scale integration. Nat Rev Neurosci. 2:229-39.

Xu M, Thompson PM & Toga AW. (2006) Adaptive reproducing kernel particle method for extraction of the cortical surface. IEEE Trans Med Imaging. 6:755-67

BIBLIOGRAFÍA REFERENCIAL
LIBRO SEGUNDO
(Lecturas Recomendadas y **Esenciales**)

Alexander GE & Crutcher MD (1990) Functional architecture of basal ganglia circuits. Neural Substrates of parallel processing. TINS 13:266-271.

Aston-Jones G, Rajkowsky J, Kubiak R, Valentino RJ & Shipley MT (1996) Role of the locus coeruleus in the emotional activation. Prog. Brain Res.107:379-402.

Bulfone A, Puelles L, Porteus MH, Frohman MA, Martin GR, Rubenstein JL. (1993) Spatially restricted expression of Dlx-1, Dlx-2 (Tes-1), Gbx-2, and Wnt-3 in the embryonic day 12.5 mouse forebrain defines potential transverse and longitudinal segmental boundaries. J Neurosci. 13:3155-72.

Bystron I, Rakic P, Molnar Z & Blakemore C (2006) The First Neurons of The Human Cerebral Cortex. Nature Neuroscience 9:880-86.

Cushing H.(1902) Some experimental and clinical observations concerning states of increased intracranial tension. Am J. Med. 124:375 Cit in: Andrews BT. 1993. Neurosurgical Intensive Care. Cap II. Mc Graw-Hill.

Deleu D, Lagopoulos M & Louon A (2000). Thalamic hand dystonia: an MRI anatomoclinical study. Acta Neurol Belg. 100(4):237-41.

Dedovic K, Duchesne A, Andrews J, Engert V & Pruessner JC (2009). The brain and the stress axis: the neural correlates of cortisol regulation in response to stress. Neuroimage. 47(3):864-71.

Ekstrom P, Johnsson CM & Ohlin LM. (2001) Ventricular proliferation zones in the brain of an adult teleost fish and their relation to neuromeres and migration (secondary matrix) zones. J Comp Neurol. 436:92-110.

Eldridge R, Ryan E, Rosario J, Brody JA. (1969) Amyotrophic lateral sclerosis and parkinsonism dementia in a migrant population from Guam. Neurology. 19(11):1029-37.

Feldman JA (1985) Connectionist Models and their applications. Cognitive Sci. 9:1-2.

Figdor MC, Stern CD. (1993) Segmental organization of embryonic diencephalon. Nature. 363(6430):630-4.

Gazzaniga MS (1989). Organization of the Human Brain. Science 245:947-52

Gilbert SF (1991) Induction and the origins of developmental genetics. Dev. Biol. 1991;7:181-206.

Gratsch TE & O'Shea KS. (2002) Noggin and chordin have distinct activities in promoting lineage commitment of mouse embryonic stem (ES) cells. Dev Biol. 245:83-94.

Goldman-Rakic PS (1995) Cellular basis of working memory. Neuron. 14:477-85

Gongidi V, Ring C, Moody M, Brekken R, Sage EH, Rakic P, Anton ES (2004) SPARC-like 1 Regulates the Terminal Phase of Radial Glia-Guided Migration in the Cerebral Cortex. Neuron. 41:57-69.

Hebb DO (1949) The Organization of Behavior: A neuropsychological Theory. NY. John Wiley and Sons.

Hillbom M, Saloheimo P, Fujioka S, Wszolek ZK, Juvela S & Leone MA (2013). Diagnosis and management of Marchiafava-Bignami disease: a review of CT/MRI confirmed cases. J Neurol Neurosurg Psychiatry.

Ito M. (2002) Historical review of the significance of the cerebellum and the role of Purkinje cells in motor learning. Ann N Y Acad Sci. 978:273-88.

Kernohan JW & Woltman HE (1929) Incisura of the cruds due contralateral brain tumor. Arch. Neurol. Psy. 21:274. cit in Andrews BT, 1993.

Kerr FW (1975). The ventral spinothalamic tract and other ascending systems of the ventral funiculus of the spinal cord. J Comp Neurol. 159(3): 335-56.

Lammer EJ et al (1985) Retinoic Acid Embryopathy. N.Engl. J. Med. 313:837-41

Le Douarin NM & Dupin E (2012). The neural crest in vertebrate evolution. Curr Opin. Genet Dev. 22(4):381-9.

Lee SE. Guam dementia syndrome revisited in 2011 (2011). Curr. Opin Neurol. 24(6):517-24.

LeVay S (1991). A difference in hypothalamic structure between heterosexual and homosexual men. Science. 253(5023):1034-7.

Lumsden A & Keynes R. (1989) Segmental patterns of neuronal development in the chick hindbrain. Nature 337: 424-28.

McIntyre CK, Power AE, Roozendaal B, McGaugh JL. (2003) Role of the basolateral amygdala in memory consolidation. Ann N Y Acad Sci. 985:273-93.

Meynert T (1874) Skisse des menschlichen grosshirnstammes nach seiner aussenform und seinem inneren. Bav. Arch. Psych. Nervenk. 4:387-431. (Cit in: Toga & Mazziotta, 2000)

Moore KL (1975) The Developing Human. WB Saunders Company.

Morrison SF & Nakamura K (2011) Central neural pathways for thermoregulation. Front Biosci (Landmark Ed). 16:74-104.

O'Donell P & Grace A. (1995) Synaptic interactions among excitatory afferents to nucleus accumbens neurons: Hipocampal gating of prefrontal cortical input. J. Neurosci. 15:3622-39

Ohnuma S & Harris WA. (2003) Neurogenesis and the cell cycle. Neuron. 40:199-208.

Parent A (1990) Extrinsic connections of the basal ganglia. Trends in Neurosci. 13:254-258

Park HJ (2005) Quantification of white matter using DTI. IN Glabus, 2005, Vol 66:167-190

Pidgeon C & Rickards H (2013) The pathophysiology and pharmacological treatment of Huntington disease. Behav Neurol. 26(4):245-53.

Ramón y Cajal S (1889) Conexión general de los elementos nerviosos. La Medicina Práctica. Madrid. Octubre 2.

Rakic PO (2002) Neurogenesis in adult primates. Prog. Brain.Res. 138:3-13.

Rakic P. (2004) Neuroscience. Genetic control of cortical convolutions. Science. 303:1983-4

Rao SM, Bobholz JA, Hammeke TA, Rosen AC, Woodley SJ, Cunningham JM, Cox RW, Stein EA & Binder JR. (1997) Functional MRI evidence for subcortical participation in conceptual reasoning skills. Neuroreport 8:1987-93.

Ricardo J & Koh E (1978) Anatomical evidence of direct projections from the nucleus of the solitary tract to the hypothalamus, amydala, and other forebrain structures in the rat. Brain Res. 153:1-26.

Rutherford JG, Zuk-Harper A & Gwyn DG (1989). A comparison of the distribution of the cerebellar and cortical connections of the nucleus of Darkschewitsch (ND) in the cat: a study using anterograde and retrograde HRP tracing techniques. Anat Embryol (Berl). 180(5):485-96.

Simpson JR, Snyder AZ, Gusnard DA & Raichle ME. (2001) Emotion induced changes in human medial PFC: During congnitive task performance. PNAS 9:683-687.

Schmahmann JD, Smith EE, Eichler FS & Filley CM (2008) Cerebral White Matter: Neuroanatomy, Clinical Neurology, and Neurobehavioral Correlates. Ann N Y Acad Sci. 1142: 266–309.

Schwanzel-Fukuda M & Pfaff DW (1990) The migration of LHRH neurons from the medial olfactory placode into the medial basal forebrain. *Experientia 46: 956-62.*

Spemann H & Mangold H (1923) Induction of embryonic primordia by implantation of organizers from a different species. Cit. en: Gilbert SF, 1991.

Sporns O, Tononi G & Edelman GM (2002) Theoretical neuroanatomy and the connectivity of the cerebral cortex. Behav Brain Res. 2002 135:69-74.

Swaab DF, Hofman MA, Lucassen PJ, Purba JS, Raadsheer FC, Van de Nes JA (1993). Functional neuroanatomy and neuropathology of the human hypothalamus. Anat. Embryol (Berl). 187(4):317-30.

Trocello JM, Woimant F, El Balkhi S, Guichard JP, Poupon J, Chappuis P & Feillet F (2013). Extensive striatal, cortical, and white matter brain MRI abnormalities in Wilson disease. Neurology. 81(17):1557

Wessely O & De Robertis EM. (2002) Neural plate patterning by secreted signals. Neuron. 33:489-91.

www.ingramcontent.com/pod-product-compliance
Lightning Source LLC
Chambersburg PA
CBHW030007190526
45157CB00014B/920